社会风俗系列

服饰史话

A Brief History of Costumes in China

赵连赏 / 著

社会科学文献出版社
SOCIAL SCIENCES ACADEMIC PRESS (CHINA)

图书在版编目（CIP）数据

服饰史话/赵连赏著. —北京：社会科学文献出版社，2011.8
（中国史话）
ISBN 978 - 7 - 5097 - 2517 - 7

Ⅰ.①服…　Ⅱ.①赵…　Ⅲ.①服饰 - 历史 - 中国
Ⅳ.①TS941.742

中国版本图书馆 CIP 数据核字（2011）第 131400 号

"十二五"国家重点出版规划项目

中国史话·社会风俗系列

服饰史话

著　　者／赵连赏

出 版 人／谢寿光
总 编 辑／邹东涛
出 版 者／社会科学文献出版社
地　　址／北京市西城区北三环中路甲 29 号院 3 号楼华龙大厦
邮政编码／100029

责任部门／人文科学图书事业部　（010）59367215
电子信箱／renwen@ ssap. cn
责任编辑／高世瑜
责任校对／高　芬
责任印制／岳　阳
总 经 销／社会科学文献出版社发行部
　　　　　　（010）59367081　59367089
读者服务／读者服务中心（010）59367028

印　　装／北京画中画印刷有限公司
开　　本／889mm×1194mm　1/32　印张／6.625
版　　次／2011 年 8 月第 1 版　　字数／124 千字
印　　次／2011 年 8 月第 1 次印刷
书　　号／ISBN 978 - 7 - 5097 - 2517 - 7
定　　价／15.00 元

总　序

　　中国是一个有着悠久文化历史的古老国度，从传说中的三皇五帝到中华人民共和国的建立，生活在这片土地上的人们从来都没有停止过探寻、创造的脚步。长沙马王堆出土的轻若烟雾、薄如蝉翼的素纱衣向世人昭示着古人在丝绸纺织、制作方面所达到的高度；敦煌莫高窟近五百个洞窟中的两千多尊彩塑雕像和大量的彩绘壁画又向世人显示了古人在雕塑和绘画方面所取得的成绩；还有青铜器、唐三彩、园林建筑、宫殿建筑，以及书法、诗歌、茶道、中医等物质与非物质文化遗产，它们无不向世人展示了中华五千年文化的灿烂与辉煌，展示了中国这一古老国度的魅力与绚烂。这是一份宝贵的遗产，值得我们每一位炎黄子孙珍视。

　　历史不会永远眷顾任何一个民族或一个国家，当世界进入近代之时，曾经一千多年雄踞世界发展高峰的古老中国，从巅峰跌落。1840 年鸦片战争的炮声打破了清帝国"天朝上国"的迷梦，从此中国沦为被列强宰割的羔羊。一个个不平等条约的签订，不仅使中国大量的白银外流，更使中国的领土一步步被列强侵占，国库亏空，民不聊生。东方古国曾经拥有的辉煌，也随着西方列强坚船利炮的轰击而烟消云散，中国一步步堕入了半殖民地的深渊。不甘屈服的中国人民也由此开始了救国救民、富国图强的抗争之路。从洋务运动到维新变法，从太平天国到辛亥革命，从五四运动到中国共产党领导的新民主主义革命，中国人民屡败屡战，终于认识到了"只有社会主义才能救中国，只有社会主义才能发展中国"这一道理。中国共产党领导中国人民推倒三座大山，建立了新中国，从此饱受屈辱与蹂躏的中国人民站起来了。古老的中国焕发出新的生机与活力，摆脱了任人宰割与欺侮的历史，屹立于世界民族之林。每一位中华儿女应当了解中华民族数千年的文明史，也应当牢记鸦片战争以来一百多年民族屈辱的历史。

当我们步入全球化大潮的 21 世纪，信息技术革命迅猛发展，地区之间的交流壁垒被互联网之类的新兴交流工具所打破，世界的多元性展示在世人面前。世界上任何一个区域都不可避免地存在着两种以上文化的交汇与碰撞，但不可否认的是，近些年来，随着市场经济的大潮，西方文化扑面而来，有些人唯西方为时尚，把民族的传统丢在一边。大批年轻人甚至比西方人还热衷于圣诞节、情人节与洋快餐，对我国各民族的重大节日以及中国历史的基本知识却茫然无知，这是中华民族实现复兴大业中的重大忧患。

中国之所以为中国，中华民族之所以历数千年而不分离，根基就在于五千年来一脉相传的中华文明。如果丢弃了千百年来一脉相承的文化，任凭外来文化随意浸染，很难设想13亿中国人到哪里去寻找民族向心力和凝聚力。在推进社会主义现代化、实现民族复兴的伟大事业中，大力弘扬优秀的中华民族文化和民族精神，弘扬中华文化的爱国主义传统和民族自尊意识，在建设中国特色社会主义的进程中，构建具有中国特色的文化价值体系，光大中华民族的优秀传统文化是一件任重而道远的事业。

当前，我国进入了经济体制深刻变革、社会结构深刻变动、利益格局深刻调整、思想观念深刻变化的新的历史时期。面对新的历史任务和来自各方的新挑战，全党和全国人民都需要学习和把握社会主义核心价值体系，进一步形成全社会共同的理想信念和道德规范，打牢全党全国各族人民团结奋斗的思想道德基础，形成全民族奋发向上的精神力量，这是我们建设社会主义和谐社会的思想保证。中国社会科学院作为国家社会科学研究的机构，有责任为此作出贡献。我们在编写出版《中华文明史话》与《百年中国史话》的基础上，组织院内外各研究领域的专家，融合近年来的最新研究，编辑出版大型历史知识系列丛书——《中国史话》，其目的就在于为广大人民群众尤其是青少年提供一套较为完整、准确地介绍中国历史和传统文化的普及类系列丛书，从而使生活在信息时代的人们尤其是青少年能够了解自己祖先的历史，在东西南北文化的交流中由知己到知彼，善于取人之长补己之短，在中国与世界各国愈来愈深的文化交融中，保持自己的本色与特色，将中华民族自强不息、厚德载物的精神永远发扬下去。

《中国史话》系列丛书首批计 200 种，每种 10 万字左右，主要从政治、经济、文化、军事、哲学、艺术、科技、饮食、服饰、交通、建筑等各个方面介绍了从古至今数千年来中华文明发展和变迁的历史。这些历史不仅展现了中华五千年文化的辉煌，展现了先民的智慧与创造精神，而且展现了中国人民的不屈与抗争精神。我们衷心地希望这套普及历史知识的丛书对广大人民群众进一步了解中华民族的优秀文化传统，增强民族自尊心和自豪感发挥应有的作用，鼓舞广大人民群众特别是新一代的劳动者和建设者在建设中国特色社会主义的道路上不断阔步前进，为我们祖国美好的未来贡献更大的力量。

陈奎元

2011 年 4 月

作者小传

　　赵连赏,北京人。大学本科。中国社会科学院历史研究所。1981年追随著名学者沈从文从事中国古代服饰史及相关文物研究工作至今。发表主要研究论著:《中国古代服饰文化图典》、《中国古代服饰与智道透析》、《明代官服文化》、《中国古代服饰等级的主要标识》、《明代赐服与中日关系》等。编辑著作:《中国通史图说》、《中国古代衣食住行文化图典》。

目　录

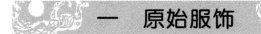

一 原始服饰

由于记载人类社会生活情况的符号——文字出现较晚，使得人类在有文字记载之前的大约一百多万年间包括服饰形象在内的一切社会生活情况，都很难找到准确的记载，人们只能通过考古手段和一些历史传说去推测其间的服饰发展状况。

 ## 服饰的起源

原始社会时期，由于社会生产力水平低下，人类必须彼此相互依靠才能生存。为了抵御来自自然界的侵袭和野兽的伤害，原始人不仅群居生活，而且还共同从事狩猎、采集等生产劳动，以获取食物，然后平均分配。在这种状况下，人类的装束是至为简单的，无论男女老幼皆以树叶、兽皮为衣。其功能也是十分单一的，只是为遮挡烈日，抵御风雨、严寒和蚊虫、野兽的袭击。这种完全为了生存需要而形成的装束，可以说是人类服饰的雏形。

进入石器时代后，随着社会的发展，人类在与大自然的反复斗争中，通过长期摸索，不断地改造、改进生产工具，使社会生产力得到了相应的提高。原始人开始使用石制锐器，且逐渐掌握了割裂兽皮的原始技术，穿着上开始可以按照不同人群和不同个体的需要进行制作，从而结束了茹毛饮血、树叶为衣的生活，人类终于向文明跨出了重要的一步。但是，仅仅将不规则的兽皮分割成所需要的形状，披于身体上，还不能满足实际需要；他们还迫切希望将已裁好的兽皮，用一种什么工具连缀起来，这就促成了骨针的发明。我国发现的第一根骨针是考古工作者于 1933 年在北京房山周口店山顶洞遗址中发掘的。这是一根磨制十分均匀的骨针，针长 8.2 厘米，一端挖有一个小孔，作引线之用。这根骨针的发现，证明了我们的祖先远在 1.8 万年前，便已经能用兽皮缝制衣服了。

在大约距今五六千年的我国原始社会母系氏族时期，在被考古学界称之为"仰韶文化"的遗址中，发现了许多磨制的石器和绘有几何形纹饰的陶器，其中便有纺轮。纺轮的出现，标志着当时制作衣装的原材料已经不仅局限于兽皮了，而是又前进了一步，开始采用某些植物纤维，利用纺织技术织布做衣了。《礼记·礼运》中有"昔者先王未有宫室……未有麻丝，衣其羽皮。后圣有作……治其麻丝，以为布帛"的记载，意思是在太古时期，人们（包括头领）没有宫室，没有丝麻（之衣），只能穿（披）野兽之皮为衣。后来有了贤人，发明并掌握了纺织麻丝的技术后，才制成布帛，裁制衣装。从考古发掘的材料中，也证明这一时期纺织已经出现。不过，早期使用的纺织原料，大多以野生的麻、葛为主。人们先将麻、葛中的纤维抽出，再用纺轮捻成麻线，最后织成粗麻葛布。在陕西西安半坡村遗址中，就曾发现有麻布留下的印迹。原始纺织品的出现，不仅标志着人类社会向文明再次前进了一大步，而且为中国古代服饰文化的形成，打下了基础。

到父系氏族社会时期时，纺织技术又有了新的提高，其标志是麻葛织品的经纬密度（每单位面积经纬线数）已达到了较高的水平。这可以从浙江吴兴钱山漾遗址发现的麻布中找到证明。该遗址中发现的麻织品每平方厘米的经、纬线密度已经达到了 24～31（根）和 20～24（根），这一技术参数显然较之以往的纺织技术，又有了新的进展。必须同时指出的是，在这一时期，我们的祖先还对人类的纺织与服饰文明的发展，作出了另一个重大的贡献，这就是发明了蚕桑与丝织技术。在浙江吴兴钱山漾出土的纺织品中，除了一部分麻织品外，还有一些丝织品，其中有丝线、丝带和残损的绢片。这是迄今世界纺织史上发现的最早的丝织品实物，距今已经有 4700 多年的历史了。

养蚕及丝制品的出现，无疑对古代服饰的发展产生了巨大的影响，并对以后的服饰进步，起到了其他纺织品原料无法替代的特殊作用，更为我国成为世界上公认的衣冠王国，提供了最佳的物质保障。随着纺织方面各项技术的发展与进步，各种纺织新品种不断出现，加上社会思想文化的不断发展，人们的服饰标准和服饰观念有了较大的变化，即服饰由原来的保护身体、防寒避暑、遮羞辨性的原始功能，向着政治化、审美化、艺术化、实用化等多项功能的方向发展。

美，源于自然，源于社会，源于生活。它是人类对自然、社会、生活的再创造，同时，也是人类将自身对自然、社会、生活的独特感受及联想，用艺术的形式表现出来的新的境界。服饰便是这一境界的重要组成部分。谈到服饰，人们总是将它与美联系在一起。俗话说，爱美之心，人皆有之。今人如此，古人也是如此。其实，如果从中国人最初的美的意识进行探讨的话，不难发现，它也是由服饰开始的。距今 1.8 万年的山顶洞人的生活遗址，已经证明了这一点。虽然山顶洞人的衣着还只能用鹿、牛、羊、兔之类的兽皮，进行简单缝制，但这并不影响他们追求美的欲望，美已开始走入服饰之中。遗址中发现的钻孔小石珠、砾石、青鱼眼上骨、兽牙、贝壳、骨管等装饰品，都表明人类已经开始迈入了美的殿堂。进入新石器时代，特别是新石器时代的中后期以后，人们佩戴的饰物更加丰富多彩。在河南偃师、汤阴、商丘等地区出土的龙山文化时期的各式骨笄（音 jī），在内蒙古呼和浩特市出土的新石器时代的兽牙饰品，在安徽潜山出土的新石器时代刺有纹饰的陶珠饰品，都足以说明这个问题。更值得一提的是，考古工作者从北京门头沟发掘出的距今一万多年（尚属旧石器时代）的一具女子遗骨的头颈下面，发现一组用 50 只螺壳排布齐整组成的饰物。诸如此类的饰物在江苏、陕西、四川、云南等省也都有发现，这表明人类通过服饰所表现出的原始美的观念是强烈而普遍的。

考古发掘还能直接反映出人类服饰审美意识与情趣的另一渠道——发式。早期人类所留的是非常随意的下垂发式。随着人类文化的发展，头饰也有了很大变化。首先是披发，这是早期人类流行的发型，如甘肃秦安大地湾出土仰韶文化时期的一件人头形器口彩陶瓶，它所表现出的人物头像五官清晰，头饰精细，为一种经过认真修剪的齐眉后垂式披发，造型非常生动（见图1）。其次是辫发。辫发是在披发基础上发展起来的一种发型，比披发稍稍复杂些。目前发现最早的辫发资料是青海大通县出土的彩绘陶盆上的人物形象，整个画面由数组人物组成，

图1　披发

携手作舞蹈状，所有舞蹈者的头饰雷同，均作扎起的辫式发型。据考证，这件文物距今已有五千年了。再次则是发髻，发髻是发式中更加复杂的一种，它有许多种类型，其共同的特点是将头发梳理后，盘或卷于头部的一定位置，形成不同的造型，再用发笄之类的饰具穿插固定。这种形式的发型，在史前的考古发掘中发现的并不多，但这并不能说当时发髻没有流行。

我们可以从各时期文化遗址发掘出的大量发笄上，推测当时发髻已经开始流行了。透过发式的发展变化，不难看出人类在服饰方面也是不断地以更高的标准去追求美，这是社会发展的需要，亦是服饰发展的必然。

传说中的服制

关于我国早期服饰的发展历史，除了运用考古学的方法，借用现代科技的手段，分析研究服饰文化发展的脉络外，在历史文献中，也可找到许多传说。这些传说虽然不能作为服饰史研究的唯一依据，但可以通过它们，帮助我们对研究成果作出对照和判断。首先，在纺织技术的发明问题上，就有神农氏"身自耕，妻亲织"（《淮南子·齐俗》）和黄帝的元妃嫘（音 léi）祖西陵氏育蚕、制茧、织帛的传说。其中嫘祖育蚕的传说与浙江吴兴钱山漾遗址中出土的丝制品的时间相距不远。其次，是关于衣服发明的传说，据《淮南子·氾论训》记载："伯余之初作衣也，缘（音 tián）麻索缕，手经指挂，其成犹网罗。"此则记载，将传说中黄帝时期的大臣伯余说成人类历史上最早制造衣服的人，而且还将织布的工序描述得十分具体。其所描述的纺织技术情况，与陕西庙底沟等地区发现的原始纺织留下的布痕技术基本上是类似的。此外，还有关于黄帝时期服饰制度的记述，如《通鉴·外纪》所记载的："（黄）帝始作冕（音 miǎn），垂旒（音 liú），充纩（音 kuàng），元衣黄裳……变于五色为文章而著于器服，以表贵贱。"从这则记载看，远在 4500 年前，黄帝就穿冕服了，而且冕服制度似乎已比较完善。对此，多数学者认为，尚处在仰韶文化晚期的黄帝时期，虽然已经有了原始的纺织，但其工艺技术水平仍处在十分落后的阶段，其产品也同样原始，以此产品满足"变于五色"纹章的服饰要求，似乎是不大可能的事。另外一则记载"黄帝、尧、舜垂衣裳而天下治，盖取诸乾坤"（《易·系辞下》），学术界亦有疑义。但这一传说在一定意义上，证明中国古代早期服饰具有上衣下裳的基本特征。"衣裳"在现代汉语中是对服装的统称，古语却不然。衣专指上衣，裳专指下裳，下裳不是裤子，而是一种长裙。上衣下裳服饰习俗确立的准确原因，目前还不甚清楚。有人认为这种服饰习俗与古人对天地的崇拜有关：在古代社会，由于生产力低下，科学技术水平尚处于初始阶段，对自然界的认识也处于初始阶段。人们对发生的许多自然现象做不出科学的、合理的解释，久而久之，便认为有某种超自然的力量主宰着一切，并把这种超自然的力量归为天。如对经常发生的风灾、水灾、雹灾以及雷鸣电闪等现象，既解释不清又无力对抗，于是便认为这是天公震怒所致。这样一来，人们就对天地倍加敬畏和尊崇，利用一切形式崇拜天地，如设立专门的礼仪礼规，在每年固定的吉日祭祀天地。而在服饰上，表示敬畏天地的地方就更加讲究，据说上衣下裳的服饰特色就是仿效天地而定。衣裳的颜色乃取于自然之色，如礼衣所用的青黑色，就是模拟拂晓时天空的色彩，称为"玄色"；而裳的颜色则选大地之本色黑黄，也称"纁（音 xūn）"色。古代礼服中常称的"玄衣纁裳"便缘于此。

二　商周服饰

公元前16世纪至公元前3世纪的商周时期，是中国历史发展的一个重要时期。在此期间，社会经历了奴隶社会从兴盛走向衰败乃至灭亡的历史过程。服饰也和政治、经济、文化生活一样，随着社会的发展、变化而变化。

1　殷商冠服形制

人类经过一百多万年的努力和摸索，到了商代，已经知道将重要的事件如占卜用文字的形式刻录在龟甲和兽骨上，这就是人们常说的“甲骨文”。在现存的商代甲骨文中，记录纺织、服饰方面内容的文字有百余个，如蚕字为、桑字作、丝字作、帛字作、衣字作、裘字作等等。这些甲骨文字，反映商代社会对纺织和服饰是比较重视的。

从商代都城河南安阳地区出土的商代文物中的人物衣着看，商代的服饰有以下两方面特点。

(1) 冠帽开始流行。从商代人物头上所戴各式首服来看，冠帽是比较盛行的。对于这些高矮不同的冠帽，到底何种式样应称冠，何种式样又该称帽，学术界尚无定论。就河南地区出土文物中的商代人物形象所饰冠帽来看，主要有两种：一种为高耸式，一种为矮平式。前者帽形很高，分若干层，戴在头上高高耸起。如在安阳殷墓出土的玉人立像（见图2），头上戴的就是一种有4层装饰的高耸式冠（帽）。这种式样的首服，在以前的材料中不曾见过。此冠造型与后来各代所流行的各式礼冠相比，有不少共同点。首先都是造型高耸，其次戴此类首服的人物穿的都是冕服式的礼服。冕服是记载中最早的礼服形式之一，而冕冠又恰是一种高冠。因此可以推断，这种高耸式的首服应当是后世各式礼冠的早期原型之一。另一种矮平式的首服形象发现的比较多，如河南安阳四盘磨村出土的

图2　高帽玉人

商代石造人物像的冠式和侯家庄西北冈墓出土的跪坐人物的冠式，殷墟墓中也有这种冠式出现（见图3）。这种冠饰的造型为齐平式，冠身四周尺寸相差不大，冠体短平而规范；冠身四周饰有不同的纹饰；齐平的冠顶有的有顶，有的无顶，类似帽箍，从上面俯视，可直接看到顶发。在这里顺便提一下商代人的发式。从出土资料所见大量人物发型看，这一时期人们的发式多以辫发为主。男子的发式，通常是将头发的一部分编成辫发，直垂于脑后；也有将编好的辫发绕盘于头顶或偏向一侧的式样。女子发式已经开始流行发髻，其盘绕方式也是先编后盘，但造型要比男子发式复杂一些（见图4）。

图3　矮平冠

（2）上衣下裳成为服饰的主流。在商代的服饰系列中，传统的上衣下裳式装束已经很普及了。商代的上衣为窄袖右衽交领式，下身穿裙式短裳（即裙），腰间系有一宽带，带下前腹处还下垂一长条斧形饰，叫做"韦鞸（音 bì）"或"黻（音 fú）"，也就是后来礼服上称之为"蔽膝"的饰物。它最早的出现，据说是用

图4 辫发

于保护生殖器的，裳内穿一种无裆的套裤。有的还用行
縢（音 téng）即裹腿带绑扎，从而起到保暖的作用。衣
裳的领、袖、底边大多有比较宽的缘，讲究些的还在领、
袖、衣缘和带、韠上施以不同的几何图纹（见图3）。

 周代冕服与服饰制度

周代是我国历史上奴隶社会的全盛时期，在此期
间，包括纺织业在内的社会经济得到了空前的发展，
出现了以豫州（今河南大部）和冀州（今山西全省及
河南、河北、辽宁各一部分地区）为中心的丝麻生产
基地。纺织技术的提高和纺织产品的大幅度增加，为
服饰的发展进步奠定了牢固的基础。正是在这一基础
之上，周代的服饰艺术和服饰水平都有了长足的进步，

建立起了规范化的服饰制度，还专门设立了掌管服饰的官职。据《周礼·春官》记载："司服，掌王之吉凶衣服，辨其名物与其用事。"又据同书《天官》记载："内司服，掌王后之六服。"可见司服的分工也是很细致的，不仅设有掌管帝王衣着穿戴的司服，还有专事王后衣装穿戴的内司服。司服官职的确立，表明周代服饰所表现的等差，已经不是一种简单的形式和观念上的区别，它已经法定为一项任何人都须遵守的具有威严性、排他性、专尊性的法律制度了。此举在服饰发展史上是非常重要的，它标志着服饰已经正式走上了政治的舞台。

在周代的服饰中，冕服是最具代表性的服饰之一。冕服的整体设计，不仅融进了中国的传统文化精神，如礼序、人伦等，同时又将统治者的等级思想鲜明地表现出来，可以说冕服是中国古代服饰文化深刻内涵和鲜明特色的集中体现。

冕服主要由三部分组成，即冕冠、冕服和佩饰附件。

冕冠是周代礼冠中最尊贵的一种，专供天子、诸侯和卿大夫等各级官员在参加各种祭祀典礼时穿戴，成语"冠冕堂皇"就是从这里引申出来的。冕冠由冕板和冠两部分组成。冕板是设在冠顶上的一块木板，叫"延"或"延板"。延板用细布帛包裹，上下颜色不同，上面喻天，用玄色；下面用缥色，喻地。整板呈前圆后方状，隐喻天圆地方。冕板宽八寸，长一尺六寸，固定在冠顶之上时，必须按前低后高的前倾之状进行固定，这样做据说是为警示戴冠者，虽居显位，也要谦卑恭让。冕板的前后沿都垂有用彩色丝线串连的珠串，叫"冕旒（音 liú）"。天子位尊，用十二旒，公、侯、卿、大夫依官职的高下依次递减。旒上穿缀的彩珠叫"玉"，天子冕冠上的冕旒用五彩十二玉，公、侯、卿、大夫仍比照职位依次递减。冕板下面是冠，冠两旁各有一圆孔，叫"纽"。它的用途是，当冠戴在头髻之上时，用玉笄顺纽孔穿过，起固定作用。同时，为使冕冠更加牢固，又在笄的一端系有一根叫"纮"的丝带，经下颔绕过，系于笄的另一端。在冠底沿的内侧、两耳的上部位置，还各悬出一条齐耳长的丝带，叫做"纮（音 dǎn）"。在纮的末端各缀有一颗珠玉，叫做"黈纩（音 tōukuàng）"，又叫"瑱（音 tiàn）"，也有称之为"充耳"的，隐寓为王者，对于谗佞之言应有所不闻。成语"充耳不闻"就是由此引申而来的。冕冠因祭祀的轻重程度 不同，又有大裘冕、衮冕、鷩（音 bì）冕、毳（音 cuì）冕、希冕、玄冕之别，供穿戴者在不同场合选择使用（见图5）。

冕服，主要包括上衣和下裳。上衣是一种形体宽松的大袖衣，下裳为宽大的长裙，衣裳的颜色搭配与冕板一样，即上衣玄色，下裳纁色。玄衣和纁裳上均施有各种不同内容的图纹，叫"章"，最多者可用十二章，也就是十二种不同的图案，章多者为贵。这十二章的图案内容依次是日、月、星、山、龙、华虫、宗彝、藻、火、粉米、黼（音 fǔ）、黻（音 fú）。各章图案都代表着不同的含义，隐喻穿着者亦应具备与图案

图 5　冕冠

内容所含之义相应的品德。其图案含义依次为：日、月、星代表光明，能临照天下；山，象征为王者的稳重；龙，喻为官者的应变；华虫（一种雉鸟），喻穿戴者应有的文采；宗彝（一种祭祀的礼器），表示智勇双全；藻，表示洁净；火，表示光明；粉米，取其滋养，象征为君（官）者能为人民带来生养之德；黼（斧形），喻果断；黻（作两"弓"相背之状，即"亚"形），表示臣民弃恶扬善，也表示君臣离合之意（见图6）。以上这十二章纹根据官职的不同有所增减，分别施于冕服的上衣和下裳之上。《周礼》还规定：衣的章纹是绘上去的，裳的图纹是绣上去的，二者不可混同。

　　冕服的佩饰附件主要有：中单、韍（音fú）、大带、绶和舄（音xì）等。中单，是衬于冕服内的素纱衬衣。韍，即蔽膝，用熟皮制成，上面绘有一定的章纹。天子用朱色韍，上绘龙、火、山三章；公侯俱用黄色韍，所用纹章视其职位的高低，有二章和一章之分。大带，是系于腰间绣有彩色边缘的宽丝带。绶，是一种玉饰组佩，玉饰用彩色丝绒线穿起来，用时系

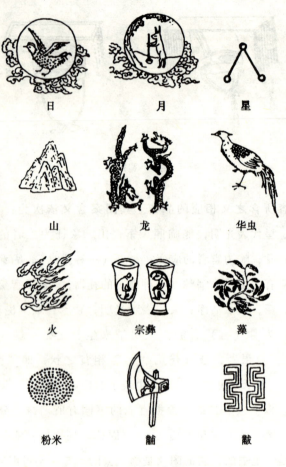

图6　十二章纹

于腰间。玉佩在古代象征人的美德。冕服是礼服之首，穿戴者极为风雅，崇尚美德，少不了玉佩。舄，是与冕服配套使用的一种厚底鞋，天子和诸侯多用赤色舄。

周代的冕服共分为6种，即大裘冕、衮冕、鷩冕、毳冕、希冕和玄冕，在应用上，按照周代天子、公、侯、伯、子、男的尊卑等序，排列顺序有严格的规定。

如大裘冕，是礼服中规格最高的一种，为天子所专用。大裘冕与其他冕服在形制上也有所不同，其冕冠不设垂旒，衣也不用纺织品，而是用黑色的羊皮制成，并且衣上不施纹章。穿用时，裘冕服的外面还要另加上一件玄色的罩衣。大裘冕使用的场合不多，只用于祭天和祭五帝等大礼之中。衮冕比大裘冕低一等，也是较为常用的冕服之一。天子、上公在祭祀先王时均可以穿用，但二者有着明显的等级区分。如天子冕冠的旒数用十二旒，每旒串十二就（玉珠），五彩玉间色排列，前后共24旒，共计用玉288颗；而上公的冕冠旒数为九旒、九就，三条玉排列，前后共18旒，共计用玉162颗。再如天子与上公所穿冕服上施章纹同为九章（周代以前帝王用十二章纹，周代因将日、月、星三章施于旌旗之上，故冕服上只余下九章，周以后又重复为十二章），前者衣绘升龙纹，后者则只许绘降龙纹，一升一降，区别分明。另外，所用芾饰君臣之间也有不同，天子可用龙、火、山三章；公、侯则只许用火、山二章。冕服中排第三等的为鷩冕，是天子在祭先公和飨射时，侯、伯在助祭昊天、上帝及朝觐天子时穿的礼服。天子用九旒十二就，共用216颗五彩之玉组成；侯、伯则用七旒七就，共用98颗三彩之玉的冕旒冠。毳冕在冕服中排在第四等，是天子在远祀山川和子、男在助祭、朝觐天子及公巡时穿着的礼服。天子毳冕之冠为七旒十二就，用168颗五彩玉；子、男则用五旒五就，是由50颗三彩玉组成。希冕排列在第五等，是天子、诸侯王在祭祀社稷时的礼服。天子希冕的冕旒为五旒十二就，五彩玉组成，用玉 120 颗；诸侯王之希冕的冕旒为四旒四就，用三彩玉组成，用玉 32 颗。排在最低等的是玄冕，玄冕是天子在祭祀群小（指山林、河泽、土地之神）时的礼服，冕旒为三旒十二就，五彩玉组成，用玉 72 颗；卿大夫在助祭和朝觐天子时亦穿玄冕，冕冠为三旒三就，三彩玉组成，用玉 18 颗。玄冕在冕服系列中是用于礼节最轻的仪式之中的礼服（见图 7）。

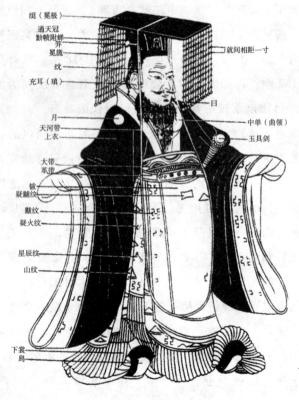

延（冕板）
通天冠
黈纩附蝉
笄
冕旒
纮
充耳（瑱）

就间相距一寸

月
天河带
上衣

日
中单（曲领）
玉具剑

大带
革带
韨
黼黻纹
黻纹
黻火纹
星辰纹
山纹

下裳
舄

图 7　冕服

（选自《中国古代服饰史》）

18

冕服自创立以来，历经各朝各代数百个帝王的沿用、改制和补充，在历史上流传了 2000 多年，几乎贯穿整个封建社会，直至民国时期才被废止。袁世凯复辟称帝时，还曾为自己预制了一顶冕冠（现存中国国家博物馆），这是中国历史上最后一顶冕冠。不过这顶冕冠还未来得及正式使用，就伴随袁世凯"皇帝梦"的破灭而成为历史的陈迹。

除冕服外，周代还有一种叫弁服的礼服。这种礼服也分几种形式。

（1）爵弁。是仅次于冕服的一种礼服。其形制和颜色与冕服很近似，所不同的是，冠之覆板不作倾势，冠檐不设旒珠，玄衣、缥裳上不施任何章纹。爵弁是古代士助祭的礼服，也是士的最高礼服。

（2）皮弁。用白色鹿皮制成。为形似两手相合后呈上尖下阔状的一种礼冠。弁冠用数目不等的皮条缝缀，间隙再饰以数目不同的玉饰，叫"璂（音 qí）"，既作为装饰，又作为区分等级的标识。所有皮弁冠中，以天子的皮弁冠最为高贵，用十二块条形皮革缝缀，每两块皮革的接缝处缝缀五彩玉珠为饰，弁冠的底缘处还要用象牙装饰。而诸侯王、大夫们的弁冠，则按职位的高低依次递减所饰的璂数。与皮弁相配的上衣用细白布制成，下裳亦为素色，裳的腰间缝制成襞（音 bì）积状，即俗称的打褶。按照礼规，素裳的前面还要系上同为素色的韠（音 bì），也就是素色的蔽膝。皮弁冠服是周代天子临朝、郊天、巡牲、朝宾射礼和诸侯在朝觐天子、视朔、田猎等场合穿用的服饰。

（3）冠弁。是用于田猎的"猎装"，后称皮冠。冠为玄色，上衣亦是与冠色相近的缁（音 zī）布衣（即黑色的上衣），下裳是打褶的素色裳。

在周代的服饰制度中，对妇女服饰也做了具体的规定。据《周礼·天官》记载："内司服掌王后之六服，祎（音 huī）衣、褕翟（音 yúdí）、阙（音 què）翟、鞠衣、展衣、褖（音 tuàn）衣、素纱。"其中素纱不是礼衣，系指六种礼衣的内衬。文献中所记载的这六种礼服，形制大致相同，都是上衣下裳连属的袍式装。据说让妇女穿这种上下连为一体的服装，喻有妇女应对丈夫忠贞不二之隐义。这类袍装大都宽衣博袖，在领口和袖口都有缘边，穿用时再配以大带、蔽膝和舄，舄的颜色要随其衣装的颜色。就图案与颜色而论，六服各有不同：祎衣为黑色，祎衣上有织出的翟的图案（翟，一种长尾雉）；褕翟为青色，衣上织翟形为饰；阙翟为赤色，衣饰翟纹不加彩绘；鞠衣为黄绿色；展衣为白色；褖衣为黑色。后四种礼衣均无图案。在使用上，以祎衣为贵，它是王后的祭祀礼装，用于陪从帝王祭祀先祖的礼仪场合。褕翟次之，也是王后的祭服，为陪从帝王祭祀先公时的礼装。鞠衣是王后的告桑之服。古时对桑农之事十分重视，每年的季春时节，特设祭桑之日，由王后主持祭桑之礼，向祖先、神灵祷告桑事，以求保佑桑蚕事丰顺吉。届时，王后着鞠衣登场，与民众一同行礼求祈。展衣是王后和大夫夫人在朝见帝王、接见宾客时穿的礼衣。褖衣也是王后的礼服，用于面君和平时闲居时穿用。除上述王后及"内命妇"（指宫内嫔妃、女御）的礼服有严格规定外，"外命妇"（指诸侯王、卿大夫等官员之母和妻）的礼服也有同样严格的礼规，她们的礼服一般以其子或夫的官职高低而定。如诸侯王之母、妻准服鞠衣，卿大夫之母、妻可以穿展衣等等（见图8）。

祎衣　　　　鞠衣

图8　祎衣　鞠衣

 3　深衣与胡服及佩玉

春秋战国时期，是奴隶社会向封建社会发展的过渡时期。在其初期，服饰文化已有了新的发展和变化，出现了一种不同于传统上衣下裳习俗的新的服饰形式——深衣。其后，随着社会的发展，又出现了中国历史上第一次有确切记载的服装改革——胡服骑射。春秋战国时的诸子百家争鸣，也对服饰文化的发展产生了一定的影响。

在西周末期之前，服饰以上衣下裳的形式为主流。春秋时期，社会上又出现了一种上衣下裳连属形式的服装，这就是深衣。史学界对深衣的由来、制式以及名称的解释等，有许多种推断和考释。在这些考释中，除了对深衣是上下连属、右衽、腰间接缝以下的裳为若干条织物相拼接组合而不是打褶等看法一致外，其他问题的考释，还没有形成很有说服力的解释。对深衣的解释比较早的是《礼记·深衣篇》："古者，深衣盖有制度，以应规矩，绳以衡，短毋见肤，长毋披土；续衽钩边，要缝半下。袼（音 gē）之高下可以运肘，袂（音 mèi）之长短，反诎之及肘。带下毋厌髀，上毋厌胁……十有二幅以应十有二月；袂圆，以应规；曲夹如矩，以应方；负绳及踝以应直；下齐如权横，以应平。"对这种古代"盖有制度"，短不露肌肤、长不拖地的深衣形制，郑玄的注释是：此衣上下连属，衣襟被续长并作曲裾式，即后来有人称之为"绕衿衣"的衣式。这种深衣的具体形制和含义，按引文中的解释为：腰间的宽度应为衣的一半，挂肩（腋部）的高低应以肘臂活动方便为度；袖子的长度，应以臂长之外再能反卷回来过肘为合适；腰带的位置应在两胁之下、髀骨之上。下裳部分用十二条布帛制成，代表十二个月份。衣袖和领子各成方圆，接缝应垂直，下裾应齐平（见图9）。上述记载虽是历史上的一家之言，但它基本上勾画出了深衣的大体形制以及所含意义，体现出了人们对天地的崇拜和欲求天地与人合一的文化追求。

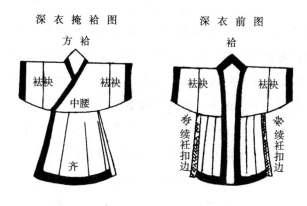

深衣掩袼图

方袼

祛袂　　　　祛袂

中腰

齐

深衣前图

袼

祛袂　　　　祛袂

续衽扣边　　　续衽扣边

图9　深衣

春秋时期，深衣作为一种大众化的服饰形式，流传很广。它不分老幼，不论尊卑，甚至跨越了职业的界限，"可以为文，可以为武，可以摈相，可以治军旅"（见《礼记·深衣篇》），可见深衣用途的广泛确实非同一般。

深衣在春秋战国时期极度盛行，直至两汉时才渐渐消失。深衣对中国古代服饰发展模式有着极为深远的影响。其后出现的各种袍服、长衫，以至清代女子所穿的旗袍，甚至现代的女士连衣裙等等，无一不是在深衣的基础上或受深衣启发衍化发展而来的。

除了深衣外，春秋战国时期一些西周时代的服饰仍在继续沿用，如裘衣、袴、袍服及屦袜等。

裘衣是一种皮毛朝外穿的衣装。冕服中的大裘，只是天子用于大礼之中的羊皮裘衣，而羊裘是裘皮中比较廉价的一种，目的是昭示皇帝的节俭。实际上，周代的裘皮衣种类有很多，除了羊皮裘衣外，还有狐裘、虎裘、貉裘、狼裘、大裘等等，其中以白狐裘最为贵重。裘衣多为诸侯、卿大夫等有身份地位的人穿着，普通劳动者是穿不起的。裘服除了因经济实力而自然划定了穿着者的范围之外，穿着者之间也有等级的界限规定。天子、诸侯所穿裘服衣袖上不加饰，而卿、大夫穿的裘服则需用豹皮做袖缘以示区别。后来，又出现了防止裘皮损坏、保护裘服的"裼"（音xī），即在裘服上套一件丝衣。裼的使用并不是将裘衣全部罩住，而是要有意将前身的上部显露出一些，通过护而不藏的穿着方式，显示出穿着者的身份和地位。

袴又作"绔（音 kù）"，即裤子。不过古时候的裤子与现代的裤子有很大不同。据《说文解字》记载："绔，胫衣也。"是一双套在小腿上的套筒。从出土的材料上看，有的无裆，两条袴筒用带子直接系于腰带上；有的只有一部分裆，也有裤腰，但总体形式仍属无裆裤类。在湖北江陵马山一号战国楚墓中发现的一件棉袴，由袴腰、袴腿、小裆及袴脚四部分组成，两只袴腿分别缝缀在用四片灰白绢组成的袴腰下部，腰下及两腿之间"拼入一块长 12 厘米、宽 10 厘米的长方形袴裆，一条宽边与袴腰相接，一条长边缝在袴腿上"①，袴腿下部还接有两个袴口，整个袴形呈后腰敞开式。这一实物是迄今考古发掘材料中最早、最完好的一件袴。另外，这一时期袴的穿着方式也与现代不同，一般都将袴穿在裳内，裳外只露出很少的袴脚，正常情况下是决不将袴直接穿在外面的。

袍是一种上下连属的服装。它出现的时间也不是很晚，马缟《中华古今注》中记载："袍者自虞氏即有之。"照此说法，袍的出现当在深衣之前。这是否准确当别论，但直到秦以前，袍服都只能作为一种内衣私服穿用，不能作为礼服穿着登大雅之堂。当然这一讲究只是体现在奴隶主贵族阶层，广大劳动者和兵卒则讲究不起。袍服长者为袍，短者为襦，根据节令的不同，又有单袍和棉袍之分。《论语》中所记载的"衣敝缊袍"的缊袍就是一种用半新半旧或粗劣丝絮填充起来的棉袍。而广大劳动者在日常生活与劳作时，穿用的一种叫"褐衣"的衣衫，实际上就是用粗麻织成的短袍。

周代的足衣（鞋类）统称为"屦（音 jù）"或"履"。屦和履字义相通，是不同时期对足衣的不同称谓。战国前人们习惯称各式足衣为屦，如《诗经·魏风·葛屦》中的"葛屦"就是指用葛麻编制成的草鞋；又如《周礼》记载，在周初的礼官中，专设有掌管皇帝和皇后、命妇们穿用屦鞋之事的礼官——屦人。战国时，人们渐渐习惯于将足衣称作"履"，但屦的称谓

_____

① 见《江陵马山一号楚墓》，文物出版社，1985。

依然存在。如孟子在为自己主张的性善论与告子争论时，曾以屦为例说道："不知足而为屦……屦之相似，天下之足同也。"而同时期的韩非子则在《外储说左上》以一则"郑人买履"的故事表明足衣此时已开始被称为"履"了。称足衣为履的习惯日盛，至汉代已经完全称履了。周代的屦或履根据质料的不同，分草履、丝履、木履和革履。草履又称为"屩"（音 juē），是用茅草骨和麻葛线制成的履。由于这种履的制作工艺简单、价格低，所以广大劳动者穿者居多。丝履是用各种丝织品制成的履，这种履做工讲究且华贵，多为奴隶主贵族所穿。木履是在丝履的下面再加一层木底的鞋，也就是我们在冕服中提到的"舄"。舄是各式履中最为尊贵的礼履，帝王、朝臣及贵族也只是在各种礼仪场合中才穿用。革履也称"鞮（音 dī）"或"鞵"（音 xié），是用动物皮制成的履。战国时，赵武灵王还从北方少数民族服饰中引入了一种筒皮履，叫"靴"。

在周代，不仅履的款式和名称不同，在穿用上也有一定的礼规。现代人在社交等礼仪场合中，视赤脚或不穿袜（古时袜作"韈"，音 wà）为有失风雅，而周代则恰好相反，臣子见君王时，必须先脱去履和袜，赤足觐见，否则将被视为不敬。传说春秋时期，卫国诸侯与众大夫们相聚饮酒，诸师声子因足上生疮，且已溃烂，恐人见了恶心，故登堂前只脱掉了履而未脱袜。卫侯见了大怒，根本不听诸师的辩解，非要砍掉他的双足不可，吓得诸师赶紧抱头而逃。由此可见，"足礼"在当时也是非常严格的。

汉代依旧保持此礼俗，但这时的赤足之礼，在执行中已经发生了某些变化。如汉朝开国元勋萧何，因功勋卓著，被推为第一功臣，高祖刘邦为表彰他的功绩，特赐他可以穿履上殿。这种脱履袜登堂的礼俗一直到唐代才被废止。

胡服系指胡人所穿的服装，是我国北方少数民族服装的统称。中原的汉族人改穿胡服，不仅是中国古代服饰史上的一次革命，也是社会发展进步的表现。这次服饰革命的倡导者是战国时期赵国的赵武灵王。赵武灵王名赵雍，在位27年，是战国时期比较有作为的国君之一。赵国所处地理位置比较靠北，与北方的东胡（位于今内蒙古南部、河北北部及辽宁一部分）、楼烦（位于今山西西北部）等一些强悍的少数民族统治地区接壤，因此常遭受胡骑的骚扰。此外，春秋以来各诸侯群起争夺霸主，致使战事频频，烽烟不断。为了争取战场上的主动，赵武灵王毅然决定效仿胡人、组建战斗力强大而灵活机动的骑兵部队，并令士卒学习骑马、射箭。同时宣布，为顺应战争的需要，服装也要进行改革，采用胡服，用比较简单利落的短衣紧袖、长裤革靴的胡装，来代替宽衣肥裳式的传统汉装，从而达到提高战斗力的目的。

对赵武灵王的这次服装改革，《战国策·赵策》和《史记·赵世家》中都有记载和描述。其中，以《史记·赵世家》的记录最为具体。服装的改革，在现在看来似乎不是件很难办的事情，然而在2000多年以前的封建社会萌芽时期，废弃祖上传下来的服制，穿用北方胡人的衣装，肯定会被人视为大逆不道。当赵武灵王提出改易胡服时，朝中只有极少数大臣表示支持，而绝大多数朝臣"皆不欲"。反对者中，以赵武灵王的叔叔公子成为代表，他坚决反对服饰改革，面对赵王派来传谕的使者王缚，摆出了一系列不宜改革的理由。他说："臣闻中国者，盖聪明徇智之所居也，万物财用之所聚也，贤圣之所教也，仁义之所施也，诗书礼乐之所用也，异敏技能之所试也，远方之所观赴也，蛮夷之所义也。今王舍此而袭远方之服，变古之教，易古之道，逆人之心，而怫学者，离中国，故臣愿王图之也。"王缚回去后，如实将公子成的答复上奏，赵王听罢并未恼怒，而是亲自登门，耐心地说服："夫服者，所以便用也；礼者，所以便事也。圣人观乡而顺宜，因事而制礼，所以利其民而厚其国也。"接着他又将赵国的地理位置和目前的处境，以及易服对国家生存的意义等，向公子成做了进一步的说明，终于使公子成消除了陈规旧念，第二天便穿着赵武灵王所赐胡服上了朝。由于赵武灵王不懈的努力，终于使中国古代历史上一次较大的服装改革获得了成功，它为中国古代服饰文化的丰富和发展谱写了光辉的一页。

改革后的骑装较之旧式衣装，首先是废弃了下裳而着裤，上衣也减短了许多，这点在河南汲县山彪镇出土的铜鉴刻画的战国水陆攻战图中兵卒所着衣装上看得很清楚。其次也改制了足衣，由原来比较笨重的鞋履，改为长筒皮靴。据《释名》解释："古者有舃而无靴，靴字不见于经，至赵武灵王始服。"靴由此开始传入中原。此外，赵武灵王还将胡服中使用的带和扣一起带入了中原人的服饰生活。

佩玉

玉，喻圣美高洁。春秋时期，玉是人格的象征，以玉比德、望玉观人是当时的时尚，因此有"君子无故，玉不去身"的说法。正是这种尚玉之风的盛行，玉饰自然成了朋友之间、情人之间互相赠送的礼物。如《诗经·秦风·渭阳》有"何以赠之，琼瑰玉佩"之句，又如《诗经·郑风·女曰鸡鸣》中"知子之来之，杂佩以赠之"和"知子之顺之，杂佩以问之"，"知子之好之，杂佩以报之"等，表明当时佩玉盛行的程度非同一般。

这一时期，佩玉与着装一样，有着严格的等级限制。按周代的规定：天子位尊，可佩品质最佳的纯白美玉；公侯地位次之，佩深青色略含斑纹的第二等美玉；大夫地位又次一等，可佩含有一定斑纹的浅碧色玉；第四等为世子所佩鲜红色的瑜玉；最末一等为士所佩戴的含有多彩纹的瑿玉。各等级玉质精粗可辨，高下分明。

在所有玉佩之中，规格最高的应属大佩，它与礼服配套。所谓"大佩"，实际上是一组佩饰，大佩的上部是一个长弧形玉叫"衡"（也作"珩"），衡下按一定比例下垂三条丝线，并都穿缀蠙珠；两侧珠线的底端各悬挂一半月形玉饰叫"璜"，衡与璜之间另悬挂一方形玉叫"琚"；中间一条珠线底端悬挂的一枚椭圆形玉饰叫"衡牙"，衡与衡牙之间又悬挂一枚圆形玉饰叫

"瑀",瑀与两端的璜需用丝珠相连接,由此组成大佩。(见图 10)

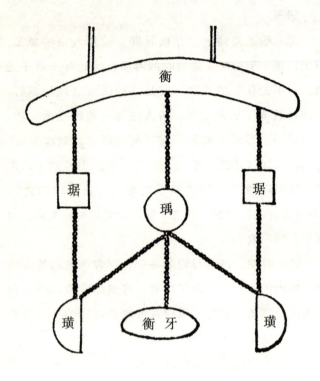

衡

琚　琚

瑀

璜　　衡　牙　　璜

图 10　大佩

　　大佩在使用时,要在腰的两侧各挂一副,据说走起路来,衡牙与两璜相互碰撞,会发出清脆悦耳的声响。此外,就玉佩的形状来说,从已经出土的实物上看,还有许多种不同的形状,如人形佩、鸟形佩和牛头形佩等。

三 秦汉服饰

　　秦、汉两代，是中国历史上最早的两个统一的封建王朝。由于秦、汉两代统治者分别尊奉法家与儒家思想，因而使得两代在政治、经济、思想、军事、文化等各方面，虽有传承，却也存在极大差异，从而形成了各自社会的特色。服饰是上述诸因素影响下变化最为显著的标志之一。

秦代戎装与袨衣黔首

　　公元前 221 年，秦始皇统一中国，建立起中国历史上第一个统一的封建国家——秦朝。随后，他统一币制、统一度量衡、统一文字、统一服饰，甚至连服装颜色都列入了统一改革的范围。秦代的统治者对军队更是高度重视，加强军队建设成为秦代的一项重要政治内容。从陕西西安发掘出土的规模宏大、气势恢弘、阵容威武整齐而又独具特色的兵马俑，便是最有力的证明。

　　秦代的军事力量不仅规模宏大，而且装备也十分精良，衣甲便是具体反映。在已发掘的墓坑中，发现穿甲者有步兵、骑兵、御车兵，也有军官。穿甲者的衣甲可分为两种不同的类型。

第一种类型的甲衣，与战国时期的甲衣颇为类似，即用甲片编缀成形，主要由甲身、背甲、披膊三部分组成。为方便作战，三者之间用牛皮绳或麻线穿缀连接，甲衣的后身和左右均不设开口，只在前胸左上侧设一小开口连接，穿着时，从上套下系上扣即可。甲衣里面是衬装，衬装一般为丝麻类的袍服。为了更有效地保护躯体，所有甲衣均采用前身长而后身略短的形式制作。甲片大多呈圆弧形，整个甲衣一般由大小140枚甲片组成。这类甲衣做工与式样都很普通，而且出土的比例比较大，很有可能是步卒、骑兵等普通兵卒穿用的甲服。

第二类甲衣做工比较考究。全部甲衣都有衬里，每件甲衣都用皮革或丝麻制品作底衬，上面再缀以皮革或金属类甲片。甲片的做工也明显比第一类甲片精致得多，有的甲带上还绣有不同颜色的几何图纹。另外，这类甲衣的式样也相对多些，有"前甲式"、"前后甲带披膊式"，又有甲身呈尖锥形的"尖锥式"。这类甲衣应当是秦代的军官穿用的（见图11）。

从以上两类甲衣的形制上看，秦代的甲衣确实是比较有特色的。表现在工艺水平上，秦代甲衣在保持和吸收了前代各类甲衣优点的同时，又进行了新的创造，通过巧妙的技术处理，使甲衣的灵活程度提高了许多，更加适于作战。

图 11　穿甲衣的兵俑

　　甲衣多样化是秦代甲服的又一个特点。根据战场上各兵种作战时的不同需要，秦代甲衣有甲身较短的骑兵甲服，有适于步兵作战用的甲身式甲服，又有专为车兵御手设计制造的甲服，这些灵活得体又很适于战场需求的甲衣装备，为秦始皇打败六国起了一定的作用。甲衣的多样化还有利于标示军队中官兵的等级，从而有利于强化军队管理，为军队向多兵种、细编制、联合作战等方面发展提供了方便条件。

　　甲服戎装参与社会政治生活（即参与社会礼仪审美），是秦代甲服的第三个重要特点。利用威严的戎装甲骑、兵士阵容以炫耀国威、提高士气，达到某种声势与心理威慑效应，这是秦代将军队甲服正式引入国家政治礼仪生活中的重要原因。陕西西安发掘出土的秦代兵马俑军甲服饰以及它们的排列阵容，与后来文献所记载的礼仪仪仗阵容多有相似，有学者认为这就是"卤簿"。对于卤簿，东汉蔡邕《独断》中说："天子出，车驾次第，谓之卤簿。"也就是说天子帝王出行时，随行护驾的兵马护卫仪仗队叫卤簿。自汉代以后，卤簿礼仪的待遇，不再只为天子所独享，皇后、太子、王公大臣也可以按不同的等级规格设卤簿，其中以帝王卤簿仪仗最为宏伟壮观。按照帝王出行目的的不同，分设有不同的礼仪种类：有用于郊祀大飨的大驾卤簿，有用于明堂、宗庙方泽的法驾卤簿，有用于朝陵、奏射用的小驾卤簿，以及御驾亲征用的黄麾仗等等，规格最高的当属大驾卤簿。

秦代的甲衣戎装确实有它的独到之处，并对以后的军服和民服起了一定的影响作用。如秦甲中的前后甲身形式就被南北朝时的甲衣所吸取改进，成为一种新式的甲衣"两裆甲"，其后又为民服所吸收，成为一种非常有时代特色的"两裆衫"。

秦灭六国以后，不久便采取了禁崇儒礼的政治举措，并将自西周以来已沿用了八九百年的冕服制度做了大规模调整，将传统的六种冕服革去了五种，只保留了仪礼中礼仪意义最轻的玄冕一种。据《后汉书·舆服志》记载："秦以战国接天子位，灭去礼学，郊祀之服，皆以袀玄。"袀（音 jūn）玄，指的是上下同为黑色的祭服。秦代这样做，据说是缘于"五行"之故。秦始皇认为，人的一切活动和天地一样是受五德左右的，而天子必须具备五德之一，德盛人盛，德衰人衰。按照战国时期阴阳家邹衍的五行理论推理，秦代为水德，应尚黑色。秦始皇为使水德兴盛，继而达到人盛、国盛的目的，于是在全国大兴黑色。他立黑色为贵色，将祭祀的礼衣全部改为黑色，冠、巾等其他服饰也以黑色为尚，甚至连旌旗也选用黑色。这就是秦代尚袀玄衣的主要原因之一。

黔首是秦代普遍流行的一种头巾。说它是头巾，是因为黔首是用一块方巾扎制在头上的首服（冠帽类的统称），其颜色一律为黑色。黔首在秦代大多为一般平民百姓所使用，而比较有地位的人则戴冠或着其他首服。

据文献记载，秦代的冠主要有高山冠、法冠和武冠等。

高山冠又名"侧注冠"。它源于齐国，秦灭齐后，秦始皇便将这种原来齐侯戴的冠，赐给属臣，表示胜利者对原来对手的蔑视。

法冠又名"惠文冠""獬豸冠"。传说獬豸是一种非常凶猛的独角兽，能辨别是非曲直，楚王因此非常喜爱，便按其形制冠自用。秦灭楚后，秦王便将此种冠赐给执法者和近臣御史戴用，其意在于希望执法者能像獬豸一样，辨明是非，严格执法。

武冠也称"繁冠"。它原是战国时期赵武灵王的王冠，秦攻破赵国以后，即将此冠赐给近臣使用，戴这种冠的多是武将。另外，秦代的武官当中，还流行一种叫"袙（音 pà）"的巾子，传说是秦打下一国城池后，领兵者为显示胜利，特为众将官制作的"得胜巾"，其颜色一般为绛色。

秦代的官服，除仍旧沿用深衣外，袍服也开始盛行起来，据《中华古今注》记载："袍者，秦始皇三品以上以绿袍深衣，庶人白袍，皆以绢为之。"由此表明，袍已由原来宴居的内衣，转化成为可以公开穿着的外衣朝服了。有关秦代服饰的具体形制和种类，因历史文献中记载太少，对研究秦代服饰带来了一定的困难，但陕西西安兵马俑的不断发掘，又为研究工作提供了新的线索。从出土兵俑的服饰上看，与历史记载的袍服、深衣为主流的秦代服饰特征是基本吻合的。兵士的服饰形制以袍为主，交领右衽，短袖窄平，腰间系带，下身着袴，足穿齐头方口麻履或革履。

纵观秦代的服饰，除了甲服较具特色之外，其他服饰形式基本上沿用了战国各诸侯国的旧式，变化不大，特别是冠巾等首服。不过直接将袍服用于朝服之中，确是一种突破，它为以后官服的发展铸造了一个基本的模式。

汉代冠仪

汉代包括西汉、东汉，是延续时间较长的一个封建王朝。汉代思想文化的发展，是以儒学由子学发展成经学，之后又成为神学这一线索演进的；这给汉代服饰制度与服饰文化的发展，留下了程度不同的烙印。

在汉代 400 余年间，服饰发展很不平衡。西汉初，国家初创、百废待兴，服饰亦甚为简单，大部分服饰直接承袭了秦代风格，朝官的服饰也比较简朴。汉武帝以后，对服饰制度开始重视，初步制定了朝臣的服饰等级制度。宫中和民间的服饰也开始纷繁丰富起来，比奢之风开始出现，一些官僚地主、富贾巨商及其家眷服饰的华丽程度，竟超过了宫中。尽管如此，这一时期的服饰制度，仍不够完善。到公元 60 年，也就是东汉明帝刘庄继位的第三年（永平三年），汉朝服饰制度才真正确立和完善。当时朝廷下诏恢复和新定的服饰制度有：恢复被秦始皇废止的传统冕服制度，确立朝官服饰的使用等级、皇后服饰内容以及朝官的佩绶等装饰等级制度。从此，汉代的服饰制度跨上了一个新的台阶，它标志着中国古代服饰制度进入了成熟阶段。

在汉代服饰中，冠的种类最为丰富。据文献记载，汉代依照不同人物的身份、地位，制定有 19 种冠巾的首服制度，其中主要有：

（1）冕冠。它基本上承袭了周代冕服的各项规定，主要用于帝王、群臣参与的重大祭祀典礼。其冕冠的尺寸略有不同，"冕（板）皆广七寸，长一尺二寸，前圆后方，朱绿里，玄上，前垂四寸，后垂三寸"（见《后汉书·舆服志》）。帝王的冕旒依旧为十二就；三公、诸侯为七就，用一色青玉珠；卿大夫五就，用一色黑玉珠。所穿冕服，帝王恢复用十二章纹；三公、诸侯用九章；九卿以下则用七章纹饰。

（2）长冠。亦称"斋冠"。传说原是楚国的一种冠制。由于这种冠是用竹子编制成框架，外用漆纱包成，故又称为"竹皮冠"。据《史记·高祖本纪》记载，汉高祖刘邦做亭长时曾好戴此冠，所以此冠又有"刘氏冠"之名。汉初，服饰制度松懈，民间常有戴刘氏冠者，后为表示对高祖的敬意，规定只许官员在祭祀宗庙时方准使用。湖南长沙马王堆西汉墓中就有戴长冠的彩色木俑出土（见图12）。

图 12　长冠

（3）委貌冠。又称玄冠。其名称的含义，据班固《白虎通义》载，是由于"冠饰最小，故曰委貌。委貌者，言委曲貌也。"它与先秦时的皮弁冠酷似，都是"长七寸，高四寸，制如覆杯，前高广，后卑锐"。所不同的是，委貌冠是用黑色绢制成，而皮弁冠则以鹿皮制成。凡戴委貌冠的官员，需穿玄端服。玄端本是周代的服装，因其衣装颇为"整齐端正"，故称为"玄端"，本是天子宴居、诸侯祭祀时穿用的服装。汉代的玄端则被用于公卿、大夫的部分祭祀活动之中。

（4）爵弁。爵弁本是周代的一种冕式冠，无旒。汉代的爵弁宽八寸、长一尺二寸，前端小，后端大，是一些低级官员助祭和乐人进献舞乐时所戴的首服。

（5）通天冠。这是一种卷梁冠，整个冠体较高，有九寸之多，前展筒（帽箍）上端稍有斜度，呈后卷式，冠的正前中心位置加饰有金博山。通天冠是帝王专用的一种礼冠。

（6）远游冠。此冠类通天冠，前面也有展筒，与通天冠不同之处是少了博山饰，是汉代诸王和贵族所戴的冠。

（7）进贤冠。原是先秦时期流行过的冠。汉代为文官、儒士、公侯、宗室成员等戴用。此冠上置梁饰，以梁数的多少分尊卑，以三梁为贵（见图13）。据《后汉书·舆服志》记载："进贤冠，古缁布冠也，文儒者之服也。前高七寸，后高三寸，长八寸。公侯三梁，中二千石以下至博士两梁，自博士以下至小史私学弟子，皆一梁。宗室刘氏亦两梁冠，示加服也。"

图13 进贤冠

39

（8）方山冠。此冠与进贤冠有些相似，用五彩（青、赤、皂、白、黄）丝制成，用以表示东、南、西、北、中五个方位。是汉代歌舞乐人的冠饰，一般在祭祀宗庙或作"五行"舞时戴这种冠。用时要根据五行所规定的方位选取颜色。

（9）巧士冠。冠"高五寸，要后相通，似高山冠而小"（见蔡邕《独断》）。它是汉代皇帝举行郊天大礼时的卤簿仪仗队伍中，靠近皇帝左右的宦官戴的冠。

（10）建华冠。此冠是一种出现时间比较早的冠。因这种冠是用鹬鸟的尾毛为装饰，所以又称之为"鹬冠"。它是汉代乐人所戴用的冠。

（11）却非冠。此冠形似长冠，比长冠短，是宫廷门吏及仆射等常戴的冠。

（12）却敌冠。此冠形制似进贤冠，前高四寸，后高三寸，通长四寸。为汉代卫士所戴之冠。

（13）樊哙冠。此冠得名于樊哙。楚汉争霸时，刘邦曾在鸿门宴上遇险，幸得武将樊哙救助，得以脱身。刘邦登基后，为报樊哙的救命之恩，便依照樊哙救他时所用的楯器的形状，制成了冠，名之为樊哙冠，令殿门卫士戴用，以期望他们能像樊哙那样勇敢。

（14）术氏冠。此冠原为战国时期赵武灵王喜好戴用的冠类之一。汉代只将它列入服制之中，未曾施用。

此外，汉代承袭秦时旧制，继续沿用的冠类有高山冠（中外官员、谒者、仆射等戴用）、法冠（执法者所戴）、武冠（武将所戴）等。

除各种冠外，巾和帻也是汉代的首服。巾是汉代官宦在平时宴居或参与一些非重大礼仪场合时戴用的首服。先秦时期，巾是军旅中的一种首服，如战国时魏国军卒所戴的头巾。秦代除部分武将被赐予幅巾外，巾更多为庶民所使用，如秦代十分流行的黑色巾——黔首。汉代，苍头巾在社会上虽然被保留下来，但使用者却发生了变化，成了豪门大族家中奴仆的标志。由此可以看出，巾在西汉前中期被普遍当做一般庶民乃至下等奴仆的首服，直到东汉时期，巾才一跃成为达官贵人都十分喜欢的首服。据《三国志》引《傅子》："汉末王公，多委王服，以幅巾为雅。"这时主要流行的巾有幅巾、折角巾、缣巾等。

帻也是一种头巾。《后汉书·舆服志》记载："古者有冠无帻。"传说西汉元帝刘奭（音 shì）头发粗硬直立，难以理顺，恐上朝时群臣见了不雅，于是便用帻裹头。群臣见了，纷纷效仿，以为时尚。又传说，西汉末年的王莽因头顶光秃，恐人见笑，乃使用帻巾裹头。汉代的巾帻主要有介帻和平上帻两种，在日常的戴用上没有什么等级之分，无论皇帝、朝廷命官，还是门卒小吏均可以戴用（见图 14）。

汉代的服装主要有深衣、袍、单衣、襜褕、襦和袴等。

深衣在两汉时期依旧被当做朝服沿用。其形制仍为交领右衽、曲裾、上衣下裳连属的周代模式，但也有了一些小的变化，如两只袖筒比周时明显加宽。另外在使用上，汉代深衣也做了新的规定，如规定了深

图 14 帻巾

衣的使用范围和着色。汉代依照天时节气的变化，规定深衣春天用青色，夏天用朱色，季夏用黄色，秋天用白色，而冬天则用黑色。汉代深衣因此也被称为"五（时）色衣"。

汉代袍服直接沿袭了秦旧制，将之用于朝服之中，而且不分贵贱，上至皇帝、下至百官都可以穿用。但汉代的袍服使用颜色与秦不同。秦制规定三品以上官员穿绿色袍，而汉代的袍服颜色则要与深衣一样按照节气的变化，着"五时色"。袍服之所以在汉代的服制中依旧被列入朝服，而没有遵照周代的传统把它恢复成衬衣，其主要原因，一方面是自秦代规定将袍服用于朝服以来，至东汉元帝时，沿袭时间已久，穿服者已经比较习惯了；另一方面是袍服的形制在制作工艺上相对简单，省工省料，穿着舒适自如，有很强的实用性，因此得以保留。这也体现了服饰发展的本质规律，即社会性（政治性）与实用性相结合的发展规律。

单衣是一种礼服的衬衣，又是宴居时穿着的便衣。它是用单层丝帛或麻布裁制而成的袍式衣装，白色，与袍服相比稍短，内无衬里（袍服有衬里），有直裾式和曲裾式两种。使用时一般穿在冕服的里面，领子要高出冕衣，宴居时则可以将单衣直接穿在外面。它是汉代十分普遍的一种衣装。

襜褕（音 chányú），颜师古在《汉书·何并传》的注释中认为襜褕是曲裾式单衣，而许慎在《说文解字》中认为襜褕应为直裾式单衣。20 世纪 70 年代湖南长沙马王堆一号西汉墓中出土的两件单衣恰好是一曲一直，说明在汉代这两种式样的襜褕都是存在的。在西汉初期，襜褕是不能被当做正式服装而穿着出入社交场合的。《史记·魏其武安侯列传》记载，元朔三年（公元前 126 年），"武安侯衣襜褕入宫，不敬"。司马贞索引说，襜褕"谓非正朝衣，若妇人服也"。武安侯正是因为穿此衣觐见汉武帝，犯了对天子不敬之忌而被怪罪的。可是到了西汉稍晚时，襜褕就不再是"妇人服"了，穿着也不再被视为"不敬"了。《汉书·隽不疑传》记载，始元五年（公元前 82 年），"有一男子乘黄犊（牛）车……衣黄襜褕，自谓卫太子"。东汉时，襜褕的穿着就更加普遍。汉代杨珍《东观汉记》载："耿纯率宗族宾客二千余人，皆衣缣襜褕、降巾，

43

奉迎上。"可见，东汉时期穿服襜褕参与社会活动已是非常正常的事了。

襦是一种比袍和单衣都短的服装。颜师古在《急就篇》的注释中说："长者曰袍，下至足跗；短衣为襦，自膝以上。"襦经常与袴和裙配套穿用。汉代的一些贵族子弟也好穿此服，他们所穿的襦和袴均用上等的细绫（又称"绮"）和细绢（又称"纨"）裁制而成。这些人常常倚仗家中的权势和财富游手好闲，无法无天，"纨绔（'袴'通'绔'）子弟"一词就是由此而引申出来的。在汉代，广大劳动者也常常穿襦衫，但他们所穿的襦衫是用麻丝一类的粗劣织物做成的，叫"褐"，因为它比一般的袍衫都短，又称为"短褐"。短褐由于较短，便于活动与劳作，所以它是广大劳动者非常喜欢的服装样式。四川成都出土的汉代农夫陶俑，所穿着的就是这种短褐。

袴经过多年的发展，演进到汉代时已经比较完备了。汉代不仅有开裆的套裤，而且还有合裆裤，名叫"裈（音 kūn）"。裈的袴筒比较短，长度一般在小腿的上下，为合裆式，腰间有带子相互系牢。颜师古《急救篇》注释："袴……合裆谓之裈，最亲身者也。"在汉代将这种贴身的短腿裤子直接穿在外面的，多是普通劳动者。此外，还有一种比裈更短的袴，由于它的形制似牛犊的鼻子，所以起名叫"犊鼻裈"。史载西汉著名的辞赋家司马相如与富家女卓文君相爱，遭到文君老父卓王孙的坚决反对，最后私奔。由于出走后二人生活无着，在万般无奈的情况下，文君当垆卖酒，司马相如经常穿着这种粗布织成的犊鼻裈在酒肆中洗涤杯盘（见图 15）。

图 15　犊鼻裈

汉代服饰制度区分等级的标志，有冕冠、冕服的不同装饰，有朝官冠梁的不同数量等形式，但更为具体的则是佩绶制度。佩绶是汉代等级标志的重要表现形式之一，也是汉代官服的一个特色，它既保留了古人佩玉的传统，又为汉代等级官阶的进一步细化起到了标识的作用。所谓佩绶，就是用彩色丝线扎系的印纽和玉饰，根据官职大小和地位尊卑的不同各有差异，用这些差异标示出各种官阶的不同。如帝王、皇后佩黄赤绶，长度为二丈九尺九寸；诸侯王佩赤绶，长度为二丈一尺；公、侯、将军佩紫绶，长度为一丈七尺；以下九卿、中二千石、千石、六百石等职位的官员都有相应的佩绶等级规定。在使用上，佩饰可以直垂于胯下，也可以装入系于腰间的鞶（音 pán）囊之中。

鞶囊是专为放置印绶而设置的方形皮袋，皮袋的大小，一般以能充分装入印绶为宜。袋的表面施有装饰纹样，若用虎头图案为装饰就称为"虎头鞶囊"。孝明皇帝时，又为穿着冕服等大礼服系列专设了大佩的使用制度。

履是秦汉时期的主要足衣，这一时期主要用方口履。西安出土的兵马俑有的就穿着一种方头方口的履。汉代的履型基本上承袭了秦代的旧制，履式变化不大，只是有的履前端的两个方头上翘，时称"翘头履"。帝王在祭祀中穿的仍是舄。靴子自战国时引入中原，汉代仍沿用，但使用的范围仍旧限于武士战将中，民间极少穿用。

 秦汉妇女服饰

秦代以后，随着社会的进步、人们意识的不断更新，服饰审美标准也在发生着变化。两汉时期，妇女服装和发髻艺术有特别大的发展和变化，较有代表性的服饰是襦裙装的出现和流行。

上襦下裙的装束在秦代开始兴起，至汉代盛行，使流行了相当长时间的上下贯通式的妇女服饰的传统形制发生了改变，为古代妇女服饰增添了新的内容。上襦的形制为短衫式，颜师古在《急就篇》注中说，"短而施要（腰）者襦"，但实际上襦衣还是比这要长一些。襦衣多作斜领右衽，袖子比较宽大，穿用时一般习惯把襦衣的下端束于下裙之内，而下裙往往提得很高。这样做大概是为审美的缘故。《后汉书·五行志》中记载说："女子好长裙而上甚短。"至魏晋南北朝时，裙腰愈加提高，到了唐代甚至提至胸部。汉代妇女所穿的裙子与现代妇女穿的普通裙子结构颇为不同。湖南长沙马王堆一号汉墓出土的裙子，展开后为一块上窄下宽的梯形，是用四片丝绢缝纫而成的。裙上方的两端各缝缀有一条带子，穿着时提两端带子向身后围绕，形成一个喇叭状的圆筒，再将带子系于腰间，很像我们现在常见的围裙。汉代的裙子大多比较长，一般都拖至足面，甚至更长；颜色以紫色和深浅不一的红绛色为主。近年在河南密县打虎亭出土的汉墓壁画和洛阳西八清里出土的壁画中，就发现有身着广袖缘边襦、拖地没足裙的女子画像（见图16）。

图 16　襦裙装束

47

图 17 穿绕襟衣女俑

深衣制度自确立以来，多用于男子的礼服和常服之中，直到战国晚期开始才渐渐用于妇女服饰，不过在深衣的结构上发生了一些变化。到了汉代则只能称妇女的深衣为"深衣式"了。这是由于此时的"深衣"虽然大体保持了交领右衽、钩边续衽的一些基本形式，但深衣的另外一些重要特点，如代表十二个月份的"十二幅"已经不复存在了。因此，称这种服饰为"曲裾衣"或"绕襟衣"更为恰当（见图 17）。

妇女穿着袍装的时间比较早，但是在秦汉以前不直接称其为袍。《周礼·内司服》中记载的"六服"虽然是袍式，但它们却都有各自的礼仪名称。战国时，袍装不叫袍，而称"袿（音 guī）"。到了汉代，才把这种衣类称作袍，但有时还是与袿合称。郑玄在《礼记·杂记》注中记载："六服皆袍制，不单，以素纱里之，如今袿袍"。袿袍是汉代妇女常穿的一种袍服，之所以称"袿"，据刘熙《释名·释衣》解释："妇女上服曰袿，其下垂者，上广下狭，如刀圭也。"这是说袿袍的底部有用衣襟围绕形成的两个尖角，形似圭器，所以叫袿袍。襜褕是汉代妇女穿着的另外一种袍式装。前文提到的马王堆墓中出土的两件不同裾式的单衣（袍），就是从一座女性墓主人随葬的衣箱中发现的，因此，这两件衣装很有可能也是女主人生前曾穿用的衣装。总之，袍式衣装在汉代的妇女服饰中仍然很流行，而且还把袍服的使用列入了服制之中。《后汉书·舆服志》记载："公主、贵人、妃以上嫁娶得服锦绮罗縠缯，采十二色，重缘袍。"表明袍服在汉代还被作为一种比较重要的礼服在妇女服饰中使用。

汉代妇女所穿的袴有两种，一种是裤腿稍短而合裆的袴，叫做"穷袴"，使用时也是把袴套在裳裙的里面，这种裤子在宫中很流行；另一种是裤腿较长的裤子，裤口比较宽肥，有点类似于南北朝时普遍流行的大口裤。

这一时期妇女的履与男子的履相差不多，所不同的是男子的履多用革或麻线制成，而妇女则用各种丝织品为材料做履。湖南马王堆出土的四双翘头履就都是丝质履。汉代妇女与男子的履的另外一个区别是方头和圆头之分，即男子履多做成方头式，而妇女履则多制成小巧的圆头状。不过，这一区别是在汉代稍晚时才出现的，汉初女履亦是方头式。到了东汉中晚期，男子的履式有不少也为圆头式。从整体上看，这时妇女的履除了装饰上较男子的履复杂之外，基本样式上已没有很大的区别了，正如《汉宫春色》所云："足践远游之绣履，履高底，长约七八寸，其式与帝履略同。"

秦汉时期妇女的头饰，无论在发式、髻型，还是在装饰艺术上，都有很独到的地方，并且作为一种礼仪的形式被纳入了典章制度之中，为服饰美增加了新的内容。

一般情况下，妇女发髻使用的装饰物是按不同的等级而选用的。《后汉书·舆服志》所记载："太皇太后、皇太后入庙服……剪氂帼、簪珥。"而公、卿、侯、中二千石、二千石夫人则准许使用"绀缯（音wānzēng）帼。"氂（音máo），是牦牛尾毛或毛织物；帼（音guó），通"箇"，是一种假髻，据清代厉荃《事物异名录》解释，箇即帼也，若今假髻，是用铁丝做圆圈，外编以饰物和毛发；缯，是丝帛。就是说皇后一级的箇要用毛料装饰；而公、卿、侯、二千石夫人一级的箇，则要差一等，用丝帛装饰。箇是汉代妇女广泛使用的盛装装饰之一，使用时，将这种依照等级规定事先做好的头饰戴在头上，再用簪固定住，远望上去好似一个美丽的花篮，以显示女性的娇美。以后，人们又把它用作妇女的代称，"巾帼"一词就是由此而引申出来的。相传，三国时蜀国丞相诸葛孔明出兵斜谷，屡下战书向魏国司马懿挑战，司马懿坚守不出，诸葛亮便想出一计，令人制成巾帼衣装一套，差人送给司马懿，嘲笑他胆小如妇人，用激将法激他出战。

据文献记载，在汉代，不仅皇后、贵夫人经常戴用巾帼，一些舞女也经常用它来进行装饰。近年，在广州市郊发掘的一座东汉时期的墓中，就发现过一具头戴巾帼头饰的舞女俑（见图18）。

步摇是汉代妇女发髻上的装饰物，它是由簪钗一类饰物发展而来的。其形制是将簪钗的装饰一端连缀上若干个金属环，并在这些形状各异的金属环的最后一个环上缀以各种质地的花类饰

图18　戴巾帼女俑

物。人行走时，随着身体的晃动，连环上的饰物也跟着不停地摇动，故名步摇。《释名·释首饰》记载："步摇，上有垂珠，步则摇也。"

步摇的起源，据《中华古今注》记载："殷后服盘龙步摇，梳流苏，珠翠三服，服龙盘步摇，若侍，去流苏，以其步步而摇。"按此说法，在殷代已有步摇出现，但殷代距此书成书的年代久远，很难判定其准确性。又有人认为步摇与周代的"副笄六珈"（有六根笄饰于假髻上的头髻）有关，这也只是一种推测。但步摇在两汉时期的广泛流行却是事实，在湖南长沙马王堆西汉墓的帛画中，就有明确的表现。步摇在《后汉书·舆服志》中有相当具体的使用规定，如规定贵夫人使用的步摇，需按一定的等级分别用熊、虎、赤罴、天禄、辟邪、南山丰大特六兽来作为装饰，表明步摇在种类和使用规则上有明确的制度。其后步摇的使用更加普遍，它不仅为广大汉族妇女所喜爱，而且其他少数民族如鲜卑族等妇女也很喜欢。到了唐代，步摇的形制和种类又增加了很多，其奢华程度也达到了顶峰。以后各代，虽然依旧流行，但盛行和华丽程度却远不如唐代。

秦汉时期妇女的发髻，不仅种类多，式样新奇，而且还各有美称。据文献记载，秦代有望仙髻、凌云髻、神仙髻、迎春髻、垂云髻、参鸾髻、黄罗髻、迎香髻等。汉代除保留了秦代的一些髻式外，又有瑶台髻、堕马髻、盘桓髻、分髾髻、同心髻等。这些髻的名称来历未必都有根据，有的还可能是后人附会的，但是就这些髻式名称的字义上看，却与当时人们的崇尚、信仰等有关，如望仙、凌云、神仙等均表现出了人们对神仙的崇拜和对神仙生活的向往。另外，等级差别在各种髻式的应用上，也有着十分鲜明的体现。《中华古今注》记载："（秦）始皇诏后梳凌云髻，三妃梳望仙九环髻，九嫔梳参鸾髻。至汉高祖又令宫人梳奉圣髻。"可见，每一种髻式的内涵差异悬殊，在标明等级的同时，也表现出了帝王们的政治崇尚和审美心态。

在上述的各种不同髻式中，以汉代的堕马髻和秦代的各式仙髻最为有名。

堕马髻因髻式的形状颇似人从马上堕下之状而得名。据《后汉书·梁冀传》记载，堕马髻是东汉桓帝时当朝国舅梁冀之妻孙寿所创，她常作"愁眉，啼妆，堕马髻，折腰步，龋齿笑"。人们觉得孙寿梳的堕马髻新奇，于是纷纷效仿，此种髻式很快便在京城风靡开来，成为当时京城最为时髦的发髻之一。这种"作一边"的髻式,在近年来各地的考古发掘中屡有发现。但有一个问题值得注意,就是堕马髻出现的时间。文献记载出现于东汉,而出土文物则在西汉时期的墓中就有不少发现,如西安任家坡西汉墓出土的陶俑和湖北江陵凤凰山 167 号西汉墓出土的彩绘木俑,梳的均是堕马髻。一些学者对此进行分析研究后认为:堕马髻最早出现应是在西汉。堕马髻虽然于东汉末年逐渐衰落,但在以后的各代中仍然屡有出现,说明这种髻式是深受各代妇女们喜爱的(见图 19)。

图 19 堕马髻

仙髻是秦代盛行的一种髻式。这种髻式的由来，与统治者为巩固其统治、祈求天神的保佑有关。据《妆台记》记述："（秦）皇宫中悉好神仙之术，乃梳神仙髻。"仙髻的髻式大多比较复杂，梳起来也很费事。例如九环髻，先是用假发做成九环，然后再用各种贵重饰物装饰于髻上，形成一种华贵、庄重的气势。仙髻多为宫中的嫔娥彩女所梳，广大劳动妇女是绝对没有条件如此梳妆打扮的。

四　魏晋南北朝服饰

公元 220～581 年，是中国历史上的魏晋南北朝时期。在这 350 余年的时间里，战乱频仍，北方与南方时常处在纷飞的战火中，国与国之间争斗不断，政权屡屡更迭。这一时期，整个社会的政治、经济、文化和人民生活均处在动荡不安之中，服饰也随之发生着很大的变化。

民族大融合与服饰的新特色

魏晋南北朝时期是中国服饰文化发生质变的重要时期之一，同时也是各民族服饰文化相互交融并展现新的特色的时代。

战国时期，赵武灵王为求生存和赢得战场上的主动权而进行的那次服饰改革应该说是一个大胆的创举，但就其改革的范围来说仅仅是一个点，用的是一种强制执行形式。南北朝时期的服饰变革，却是全方位、多层次的，是在强制与随意间进行的。造成这次服饰巨变的直接因素是战争。由于战争的多年延续，兵员和劳动力的补充，成了关系到北方各国统治政权时间长短的重要因素，故北方各国对人口的争夺非常激烈，使得居住在黄河流域的各民族居民，背井离乡，形成了大范围的迁徙。共同的命运、处境和遭遇，大大增强了各民族人民对时政、环境的共同认识，原来彼此之间生活习俗上的差异、民族文化心理上的障碍等，很快得以填平，促进了相互间的联系和往来。特别是北魏统一黄河流域之后，那里的民族融合趋势就更加明显。

民族与民族的融合是多方面的，除了血缘融合外，还有民族习性、生产活动、生活习俗等方面的融合，其中，以服饰穿戴方面表现得最为直观。在这一时期，服饰发展变化的主要特征是：传统的深衣渐渐消失，袍服成为正式的礼服之一；袴褶（音 xí）服开始盛行；妇女服饰整体上以上身短小、下体宽博拖长的"上俭下丰"式装束为时尚。这些特征的形成，明显是受了北方少数民族服饰影响的结果。同时，汉族的传统服饰文化和礼仪，对各少数民族服饰的影响也是非常突出的，特别是北魏孝文皇帝实施的变俗改制举措，大大促进了少数民族的服饰发展。孝文帝的变俗改制与战国时赵武灵王的服饰改革恰好是一来一往：前者是大规模引入、吸收汉族的传统礼仪和服饰文化，后者是吸收、借鉴北方少数民族的优秀服饰。这两次改革充分地体现了中国古代服饰发展的特性，即兼容性和互逆性。

北魏孝文帝名拓跋元宏，是北魏王朝中一位颇具远见卓识的政治家，也是一位锐意进取的改革者。他对悠久的中原历史文化极为仰慕，常常与朝中的汉人儒士往来，一起谈论、评说古代的礼仪和政治。亲政后，他清醒地意识到北魏拓跋鲜卑人与中原汉族之间的文化差异，为了改变和缩小这种差距，为了本民族的生存与发展，他毅然决定在北魏推行全面而深刻的汉化改革。太和十年（486年），他从服饰入手开始引入汉族文化，在参加重大典礼活动时穿用衮冕。太和十八年迁都洛阳以后，他便正式开始了全面的变俗改制，其中包括以汉族服装取代鲜卑服装、以汉语代替鲜卑语、将鲜卑的拓跋姓改为汉族的元姓、鼓励鲜卑人与汉族人通婚等项主要改制举措。为了使改制能够顺利进行，孝文帝还经常亲自监督改制的执行情况。有一次他巡视到旧都平城（今山西大同市东北），发现那里的多数妇女依旧穿着夹领小袖的鲜卑传统服装，非常生气，责备有关的执行官员没有尽到职责。由于孝文帝的不懈努力，使当时的各项改制工作大见成效，取得了令人瞩目的辉煌成果；以至在北方的一些汉族士大夫看来，南方（南朝）已不是什么正统文化所在了，只有在北魏统治下的中原地区，才是正宗的汉族传统文化的中心。甚至南朝的汉族人士，也有越来越多的人持这种看法。正如北魏士族杨元慎所称颂的那样："移风易俗之典，与五帝而迹；礼乐宪章之盛，凌百王而独高。"（《洛阳伽蓝记·城东》）由此可见，孝文帝改革受到的赞誉是相当高的。

魏晋南北朝时期的民族大融合，大大加速了服饰文化的发展。它突出地体现为由动趋定，由异趋同，冠服逐渐趋一、趋谐的发展过程。这种定、同、一、谐，既非全盘的胡化，亦非全盘的汉化；它是各民族在以汉族传统服饰文化为主体的基础上，相互吸取、相互借鉴、相互融汇，创造出的具有新的历史特色和时代气息的服饰文化硕果。也正是因为南北朝时期各民族服饰文化的融合与发展，使得服饰朝着实用、进步的方向又迈进了一步；同时，也开阔了人们的视野，在一定程度上改变了传统思想对人们在服饰方面的羁绊，为以后隋唐服饰文化的发展和繁荣，奠定了基础。

魏晋巾冠博衣的
形制与规仪

巾，原本是一些地位低微的无冠庶民成年后戴的首服，从东汉后至三国两晋时期，才兴起了戴巾的热潮。其间，各种巾不断出现，历史上有名的"黄巾军"大起义，义军的标志就是头上戴有黄巾。这一时期主要流行的巾和冠有幅巾、纶巾、乌纱帽、漆纱笼冠和梁冠等。

幅巾是东汉时流行的一种用葛布裁成的裹头巾。扎幅巾原本是为了"不著冠，（用）幅巾束发"（《后汉书·鲍永传》），以后一些王公贵族纷纷扎系，久而久之，成了显示他们雍雅风度的标志，如"竹林七贤与荣启期"图中，山涛戴的就是幅巾。

纶巾实际上是幅巾的一种，用葛布裁成，是三国时期流行的一种巾。因此巾经常为蜀国丞相诸葛亮戴用，所以人们又称之为"诸葛巾"。传说诸葛亮经常头戴纶巾，手摇一把羽毛扇，身坐四轮车指挥三军作战，出奇制胜，屡建奇功。

乌纱帽是晋朝和南朝官宦及士庶常戴的帽子，因用黑色的帛纱围制而成，故得名"乌纱帽"。以后的唐代和明代都把它用在官服之中，因此后人多把乌纱帽比喻成官位，称得到官位是"戴上了乌纱帽"；相反，若被罢了官位，就叫"丢了乌纱帽"。提到乌纱帽，现代的人多数不会陌生，而知道"白纱帽"的人恐怕就不会很多了。实际上白纱帽与乌纱帽几乎形成于同一时期。《隋书·礼仪志》记载："宋齐之间，天子宴私，著高白帽，士庶以乌（高帽）"，因白纱帽表示吉祥，故为皇帝专用，乌纱帽才是官员和其他人员所戴用的。

漆纱笼冠是南北朝时期最具代表性的冠类之一。此冠是从汉代的平巾帻演化而来的，冠形较小，后沿略高，在小冠上罩有一用细黑漆纱制成的网状冠罩，看上去像个纱笼罩子，所以人们称之为"漆纱笼冠"。实际使用时，直接戴用的冠叫小冠，复有纱罩的叫漆纱笼冠。这两种冠形在南北朝时期十分普遍，女子也可以戴（见图20）。

魏晋南北朝时期的其他冠制，虽然基本上沿用了汉代的旧制，但因各朝的朝政不同，又各有其特色。

图20 小冠 笼冠

如，晋初帝王的冕冠板是加在通天冠上的，从而改变了冕冠的内容；梁冠在原来三梁冠的基础上加了一种五梁冠，但五梁冠仅为帝王所专用，朝臣仍需要按三、二、一梁的冠饰等级佩戴。此外，汉代服制中规定的其他一些冠式，如巧士冠、却敌冠、高山冠、远游冠等，在这一时期仍旧使用。

宽衣博服是魏晋时期服饰的又一突出特点。虽然它被称作"时代的标志"，但这种特点和标志的产生，是与正常服饰发展相悖的。其原因是，汉末以来，军阀割据，时局动荡，人们心理上普遍失衡，及时行乐和逃避现实的现象十分普遍。特别是诸多文人士子，对生活完全失去了信心，他们思想上追求道教玄学，生活中追求颓废荒唐，在衣着上常以怪诞为雅尚，以病态为时髦，引出了许多离奇可笑的故事。被称为"竹林七贤"之一的刘伶，崇尚老庄思想，喜欢纵酒，常常裸体在室内狂饮。一次，有人来拜访他，进门后见他赤裸醉酒的样子，便责备他，可他却回答说："天地是我的房屋，屋室是我的衣裤，你怎么跑到我的裤子里来了？"这则出自《世说新语》中的历史故事，确实反映了当时社会部分人的心态。魏晋南北朝时期服饰上的最大特点，就是宽衣大袖。士庶、儒生等人的衣着更是如此，如"竹林七贤"图中所表现的阮籍、山涛、向秀、刘伶、阮咸、王戎、嵇康等七人，个个宽衣博袖，代表了时代的服饰特色。在晋代画家顾恺之的传世作品和敦煌壁画中也都有不少这种服饰形式的表现，"一袖之大，足可为两"的说法，看来是不为过的。

在此风影响下，妇女服饰也是宽衣博袖。与男子服饰不同的是，魏晋南北朝时期妇女的衣着特点是"上俭下丰"。所谓上俭，指的是衫襦等上身衣着都比较窄小合体，但两只袖子很宽博；下丰，指的是下裙部分十分宽博，其长度"一裙之长，可分为二"，足见当时妇女的衣着特色（见图21）。

图 21 "上俭下丰"女装

 军民共用的袴褶服和裲裆衫

袴褶,据说在战国时期就已经出现了,它是北方
少数民族服饰中的一种。由于袴褶服的结构便于战场
作战,所以在汉代也是军服的一种。这种服饰魏晋南
北朝时虽仍旧在军队中使用,但民间也开始有不少人
以穿着袴褶为时尚了。袴褶服实际上是由袴和褶两部
分组成的,袴是裤子,褶是上衣,若按衣裤的习惯顺
序称法,应称"褶袴"。褶是一种短身大袖、交领对
襟的衫子,长度多在膝盖以上。袴是一种裤腿非常肥

大的筒裤，也称"大口裤"。由于这种裤子的裤筒过
于宽肥，于是有的人又在裤的膝盖处用丝带扎束，起
到紧护的作用。因此，这种裤子又称"缚裤"（见图
22）。

图22　缚裤

　　裆是一种少数民族服装，其形制是前后身各以一
片方形织物构成主件，另外在两片织物的上端钉缀两
条比较结实的条块，将前后两片织物结合起来。它的
整体形式颇似秦俑坑和陕西杨家湾汉墓中出土的铠甲
的形式。在南北朝时，男女皆可把袖裲裆服作为普通
服装穿用；同时又可做成甲衣，装备军队。它是一种
军民共用的服装形式（见图23）。

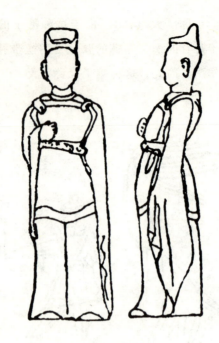

图 23　裲裆

 木屐的流行和其他靴履

　　木屐是一种用木或竹为主要材料制成的凉鞋，南朝时曾风行一时。当时流行的屐有很多种，大多是以所用的材料和形状而定名的，如平底的木屐叫"平底屐"，用竹料制成的屐叫"竹屐"，屐上使用棕丝的叫"棕屐"。有的还在木屐的底部装上屐齿，如《宋书·武帝本纪》载：武帝"性尤简易，常著连齿木屐"。另外还有一种屐齿可以随意拆装的木屐，如《宋书·谢灵运传》载，南朝著名诗人谢灵运为排解心中对政治的不满情绪，终日游历山水之间，他发明了这种可以装卸屐齿的登山木屐，"上山则去前齿，下山则去其后齿"，很是方便省力。木屐不但用于民间，而且还经常用于军中。魏国司马懿入蜀作战，道路上多长有蒺藜，士卒穿着履鞋行走，脚经常被扎，影响了行军速度。于是，司马懿传令让军士穿上木质平底屐，从而有效地防止了蒺藜的扎刺，加快了行军的速度。木屐之所以在南朝时被人们广为使用，主要是出于两方面的原因：一是穿着随意，上至皇帝，下至百官庶民，不分男女，都可以穿着；二是由于气候、地理的原因，江南气候温暖，湿润多雨，道路泥泞，穿着皮革或丝帛制成的履鞋外出行走，多有不便，而木屐则不存在这方面的问题。虽然木屐没有什么穿着上的严格规定，但男女木屐还是有一定区别的。《晋书·五行志》记载："初作屐者，妇人圆头，男人方头。圆者顺之义，所以别男女也。"这一区别直到太康年间才慢慢消失，男女都可以穿方头屐。尽管木屐在南朝时穿着的人很多，被视为一种时髦足衣，但它始终未被用在正式的礼仪场合上，凡遇较为重要的典礼或活动时，从帝王到朝臣都必须按传统礼规穿履参加。即使是一般的士庶之人，在平时的访问、会友等场合也都要穿着履鞋，否则将被视为失礼。

在这一时期，除了木屐很流行之外，各种靴鞋也很盛行，而且在东汉履制的基础上，又有一些新的式样出现。据《中华古今注》记载："宋有重台履，梁有笏头履、分梢履、立凤履，又有五色云霞履。"同时流行的还有伏鸠头履、紫皮履、解脱履等。有些人更是别出心裁，将新履故意弄破，使之露出脚趾，谓之"穿角履"。《魏书·王慧龙传》载："遵业从客恬素，若处丘圆，尝著穿角履，好事者多毁新履学之。"这一时期履的质料也是比较丰富的，有丝履、草履、革履和绣履，还有用各种宝物制成的"宝履"。据《南史》记载，东昏侯不务朝政，生活极端奢侈，他曾为宠妃（潘妃）特制了一双值千万钱的宝履，奢侈到了极点。靴子在这一时期使用得更为广泛了，在有些朝代已经不单单为军用，民间也出现了。沈括《梦溪笔谈》记载，北齐时穿靴之风尤为盛行，官民俱可以穿用。南北朝时期的靴子，多数是长度至膝的高筒靴，《北齐校书图卷》中所绘人物穿的靴子，就多是这种靴子。这时的靴子多为深色的革靴，选用的革料有羊、马、牛之皮。据说还有用虎皮制成的靴子，如《南史》载："萧琛年少著虎皮靴。"可见在南北朝时，靴子的种类也是很多的。

发髻与"借头"

魏晋南北朝时期天下混乱，割据时间很长，从而导致各地区经济文化发展不平衡，加之各代统治者所推崇的宗教不同，因此所形成的时尚也各不相同。受其影响，各代妇女所喜好和流行的发髻形式风格也各异。据文献记载，魏时流行的有灵蛇髻、反绾髻、百花髻、芙蓉归云髻；晋时流行缬子髻、蔽髻、流苏髻、堕马髻；南朝宋时有飞天纻髻；梁有回心髻、归真髻；陈有凌云髻、随云髻等等。上述这些名目繁多的髻式，有的是沿用前代旧式，如堕马髻和凌云髻；也有的是当时发明的新式髻式，如灵蛇髻。关于灵蛇髻的由来，陈元龙《格致镜原》引《采兰杂志》记载：甄后既入魏宫，宫廷有一条绿蛇，口中恒吐赤珠，若梧子大，每日（甄）后梳妆，则盘结一髻形于后前，后异之，因效而为髻，号为"灵蛇髻"。此后，宫中女子纷纷效尤（见图24）。

图24　灵蛇髻

　　用假发进行装饰的习俗，在魏晋南北朝时期更是风行日炽。贵族妇女不仅用假髻来装饰头髻，并利用髻上的各种饰物区分等级。据《文献通考》记载："魏制贵人、夫人以下……皆大手髻，七镇（音 diàn）蔽髻；……九嫔以下五镇；世妇三镇。"其中的大手髻便是一种假髻，镇是用贵重金属制成的髻上的饰物，以其数的多少划分等级。戴假髻的习俗不仅在上层贵族妇女当中盛行，一般富家女子甚至一些贫家女子也都盛行戴假髻。实在因家境贫困而无力置办假髻的，为了应付一些必要的场面，也要设法向别人借用，"借头"一说便是由此而来（见图25）。

图 25　十字假髻

五 隋唐五代服饰

公元581年，北周贵戚杨坚夺取政权，建立了新的封建王朝——隋朝。隋初，由于长期割据和连年征战，社会经济遭到巨大破坏，百姓缺吃少穿、贫困交加、流离失所，服饰当然谈不上发展了。经过一段时间休养生息，至公元605年，社会经济才有所好转。隋炀帝继位后，下令依照古制修订衣冠制度，使得纷乱多年的服饰制度又得以统一。

唐代是中国封建社会发展的顶峰，政治稳定，经济繁荣，文化开放，思想活跃，唐都城长安是当时世界上最大的城市，也是东西文化交流的中心。在国富民强、经济繁盛的前提下，唐代服饰文化姹紫嫣红、绚丽多彩，其发展呈现出空前的活力。

唐之后的五代十国时期，服饰基本延续了唐代旧制，没有太大变化。

 幞头的兴起与流变

幞头原名"折上巾"，系由汉末、魏晋时期的幅巾

69

演变而来，至北朝周武帝时"裁出脚"，称为幞头。它的四脚（四根带子）"二脚系于前……二脚垂于后，两边各为三摺"。唐代封演《封氏见闻记》载："近古用幅巾。周（北周）武帝裁出脚，后幞发，故俗谓之幞头。"按宋赵彦卫的《云麓漫钞》所载："幞头之制，本曰巾，古亦曰折（上巾）。以三尺皂绢向后裹发，晋宋曰幕后。周武帝遂裁出四脚，名曰幞头，逐日就头裹之。"

初时的幞头，实际就是折上巾，折裹时每人的折叠技巧不一，所以折好的幞头形状各异。隋大业十年（614 年），吏部尚书牛弘为使幞头的形制规范化，曾上书朝廷，建议在幞头内设一定型的骨架，罩在头上，以利于折裹出造型规范的幞头。当时称这种幞头的内架为"巾子"。不过，这个巾子不是丝布的，而是用桐木编好、再漆上黑漆的一种罩子。隋末唐初兴起的幞头就是加了"内巾子"的幞头。巾子的出现，为后来冠式化提供了先决条件。

唐代是幞头发展和盛行的时期，而发展最快、变化最多则是在初唐、盛唐时期。据《唐会要》卷三十一记载："巾子（幞头），武德初始用之，初尚平头小样。天授二年，则天内宴，赐群臣高头巾子，呼为武家诸王样。景龙四年三月内宴，赐宰臣以下内样巾子，其样高而踣，皇帝在藩时所冠，故时人号为英王踣样。开元十九年十月，赐供奉诸司长官罗头巾子及官样圆头巾子。"上述记载中，将初唐、盛唐时期的幞头样子分为四种。第一，是初唐高祖李渊时期出现并流行的式样。此时幞头内巾较为矮短，承袭了折上巾的原始形式。唐代画家阎立本《步辇图》中，执事男子所戴幞头即为"平头小样"。第二，天授二年（691年），武则天发明的"武家诸王样"式幞头，并在内宴时将它赐给众臣。这种幞头的形制比较高，巾子顶端正中部凹入，形成两瓣形状。陕西乾县章怀太子墓出土的壁画中，即有戴这种幞头的男子形象。第三，是景龙四年（710年）开始出现并流行的"英王踣（音 bó）样"。英王踣样幞头又称"内样巾子"，它是中宗皇帝李显未继帝位之前，在其封地内经常戴用的巾式。踣样巾子"高而踣"（踣，即前倾之意），是唐代巾子中比较高的一种，据说这种"前倾式"巾子有"倾翻"的谐意，所以使用不久就被其他幞头所代替。第四种幞头的样式是"官样巾子"。开始使用是在开元十九年（731年），据说是当时唐玄宗赐给供奉及诸司长官的赏物，其形制与英王踣样巾子相差不多，只是纠正了"前倾式"，巾顶部已无明显分瓣，呈尖顶之状，所以这种幞头又显得比较高耸。

幞头的另外一个特征是"幞脚"。幞脚也和幞头内巾的变化相类似，在不同的时期有着不同的装饰位置。早期的幞巾（折上巾），是两脚系于头顶中央，另两脚垂于脑后。初、盛唐时期，幞头的四个脚有了一些变化，已经不是十分规矩地上系和下垂了，有的头顶两脚十分明显，而无后垂脚；有的则相反，后垂飘长过肩，而上系的不明显。以上这些幞脚是用纱罗等丝织物或系或垂而制成，幞脚比较柔软，所以这类幞头又称"软脚幞头"。至中唐以后，幞脚内渐渐植入了丝弦做成的骨，使得幞脚微微上翘。到唐代末年，又开始用铜或铁类硬物充当脚骨，于是出现了人们常说的"硬脚幞头"，从而使幞脚由原来的下垂状渐渐变得上翘，称"朝天幞头"。到五代时期，幞脚已经发展成为左右长一尺的平横直脚了。宋人赵彦卫在其《云麓漫钞》中记述，"唐中叶以后，诸帝改制，其垂二脚或圆或润，用丝弦为骨，稍翘翘矣。臣庶多效之，然亦不妨就枕……唐宋……皆用木围头，以纸绢为衬，用铜铁为骨，就其上制成而戴之……五代帝王多裹朝天幞头，二脚上翘，至刘汉……裹幞头，左右长尺余，横直之，不复上翘"。（见图26）幞头发展到五代时期，已经基本上改变了折上巾的雏形，由原来的裹头巾子演变成了一种冠帽。后经宋代的不断改进，虽然

图 26　幞头

它仍旧叫做"幞头"，实际上已经是一种名副其实的冠了。

2　圆领袍的颜色与等级

以中原地区为主的传统服饰文化，经南北朝时期不同地域、不同民族服饰文化的相互撞击交汇以后，产生出许多新的变异，隋唐五代时期普遍流行的各式圆领袍，就是这种文化交融的硕果之一。圆领袍是一种圆领子的袍服，窄袖，长及膝下。它最早出现于北周时期，是胡服的一种。由于这种袍服设计得比较合理，隋代开始将其作为常服或朝服使用。《旧唐书·舆服志》载："隋代帝王贵臣，多服黄文绫袍……百官常服，同于匹庶，皆著黄袍，出入殿省。"隋代沿用的袍服，只是常见的圆领袍。至唐太宗时，又出现了一种在膝盖部位加一道襕线的袍服，以表示对上衣下裳祖制的继承。《新唐书·车服志》载："太宗时……中书令马周上议：'《礼》无服衫之文，三代之制有深衣。诸加襕、袖、褾、襈，为士人上服。'"这个建议提得非常巧妙，既继承了古制，又没有对当时的服饰现实动大手术，可谓一举两得。其实，这种加襕的袍服并不是始出于唐太宗时期，而是始出于北周。《旧唐书·舆服志》记"晋公宇文护始命袍下加襕"，但不知当时袍服"加襕"为何意，而"中书令"马周的初衷是非常明显不过了。因此，不论唐代的襕袍是直接引自胡服，还是引入后又依照某些传统观念加以改

73

图 27　圆领襕袍

制，它所起的作用、所要达到的目的是显而易见的，那就是借用襕袍形式，将各民族的文化因素有机地融合在一起，进而朝着统一的中华服饰模式迈进（见图 27）。

缺胯袍也是当时流行的一种袍服。它的特点是在袍子两侧胯骨以下处开衩，称"开胯"。由于这种袍便于活动，所以它一直被当做军服，同时也受到一般百姓的喜爱。唐代服制明文规定，缺胯袍为"庶人服"。

由于圆领袍服简单、随意，同时又不失礼等诸多特点，所以在隋代一经穿用，便深受人们的欢迎，上自天子、下至百官庶士咸同一式。不过由于袍服过于简单，使得中国古代服饰中的等级制度，难以像冕服那样明显地体现出来。于是，颜色就成为区分等级的有力工具和手段。最早利用袍服颜色区分官员等级的是秦代，秦始皇曾令三品以上官员穿绿色袍服。这一规定只是利用一种颜色将官员职位的高低做了粗略划分。至北朝时，在汉代"五时色"服的基础上，出现了一种"品色衣"。《隋书·礼仪志》载："（北周）宣帝即位，群臣皆服汉魏衣冠。"又载："二年下诏，天台近侍及宿卫之官，皆著五色衣，以锦绮缋绣为缘，名曰品色衣。"分析比较隋代的服饰制度，很难判定这种"品色衣"是否代表一种较为成形的以袍服颜色作为区分官员等级的服饰制度。按文献记载，隋初帝王、百官的朝服都是头顶乌纱帽、折上巾，身穿赭黄色文绫袍，足蹬六合靴，只有天子另系有一条十三环带以示区别。至隋炀帝大业元年（605 年），才用紫色作为五品以上官员与五品以下官员至庶民的区分标志。大业六年，又将绯色和绿色加入到品官分等的序列之中，但仍然十分粗略。直到唐代，才制定出了较为详细的品级服色分等制度。

唐初，高祖初定服饰制度时，规定赭黄色袍为皇帝专用服，群臣禁服，后人因而常常用"黄袍"比喻"帝位"。与此同时，对品官的服色做了较为细致的规定：亲王及三品以上官员袍服用紫色，五品以上用朱色，六品、七品用绿色，八品、九品用青色。在这一规定的基础上，高宗显庆元年（656 年），再次规定官员的品色制度，这可以称得上是一个极为周密的品色制度了。《新唐书·车服志》载："以紫色三品之服，金玉带銙（音 kuǎ，一种带饰）；绯为四品之服，金带銙十一；浅绯为五品之服，金带銙十；深绿为六品之服；浅绿为七品之服，皆银带銙九；深青为八品之服；浅青为九品之服；皆输（音 tōu）石銙八；黄为流外官及庶人之服，铜铁带銙七。"

唐代品色服制的正式确立，为中国古代官服制度增加了新的内容，成为继冕服和佩绶制度后第三种能有效区分等级的服饰标志，并且也直接影响到了后世——宋、辽、明代的服饰制度。

图28 铭袍

武则天是中国历史上比较有作为的皇帝，在她完全掌握政权以后，采取了一系列改革措施。据《唐会要》和宋人王子韶《鸡跖集》等文献记载，武周时代曾一度废止李唐的部分服饰制度，改用铭袍为上朝时穿的官服。这种新官服也是一种圆领袍，特殊的是在袍的一定位置绣有铭文或其他图案，故称之为"铭袍"。由于它的图案、铭文是刺绣上的，因此又叫"绣袍"（见图28）。武则天时期的铭袍不绣铭文，为区分官员大臣的等级，另外选择了几种不同的美禽悍兽为区分标志。如在延载元年（694年）赐给文武官员的铭袍图案是，三品以上、左右监门卫将军等饰对狮，左右卫饰麒麟，左右武威卫饰对虎，左右豹韬卫饰豹，左右鹰扬卫饰鹰，左右玉钤卫饰对鹘，左右金吾卫饰对豸，诸王饰盘龙及鹿，宰相饰凤池，尚书饰对雁

（《旧唐书·舆服志》）。这种铭文（图）标志的官服在以后的玄宗、德宗、文宗等各朝中也都沿用。

对于这次服饰改制，后来的撰史者始终持轻蔑态度，认为此举"无法度，不足纪"（《新唐书·车服志》）。客观地说，此次改制作为又一种新的官服形式，还是具有很大意义的，它毕竟为唐代官服制度增添了新内容，并且也直接影响到了明、清的官服制度。

兼收并融的服饰制度

隋唐时期是中国古代服饰的大发展时期，随着经济的发展，各种服饰也呈现出空前繁荣的景象。由于唐代政局稳定，其服饰的特点是繁而不乱，井然有序。在服饰制度的完善方面，大大超过了以往各朝代。

冕服是中国古代传统的大礼之服，隋炀帝恢复制定服制，首先重修了冕服制度，只因其统治时间短暂，未及真正全面恢复，就被唐朝取代了。

唐朝依据周代礼制，对冕服做了部分修改，但变动不大。后来，随着各种服装样式的不断出现，官礼服饰的种类也不断增加。唐代冕服内容虽十分全面，但其使用范围却很有限，除了国家的一些特别重大的礼祭活动外，一般很少使用。

取而代之的是朝服和公服。这两类服饰系列是隋唐时期的另外两种礼服，它们的出现，从表面上看，只是部分取代了冕服，但实际上，朝服和公服的出现，在一定程度上是对礼仪活动着装的细化，也是服饰制度进一步发展、礼序更加分明的体现。另外，着朝服和公服还可以从某种程度上减少人们穿着冕服的不便。

朝服，又叫"具服"，主要适用于朝会，兼用于陪祭、朝飨、拜表等各种祭祀活动。其着装形式在很大程度上借鉴了冕服的内容，如簪导、单衣、革带、蔽膝、舄、佩绶等等，这可能就是朝服要兼作祭礼之服的缘故。隋代朝服的衣饰，据《隋书·礼仪志》记载，是头戴冠、帻，配以簪导，饰白笔（古代官员上朝奏事时插在头上右耳侧冠内的毛笔，遇有一些需要记录的事情，用笔记在笏板上。笏板是上朝奏事的手板。簪笔装束，在汉代为文官所专用，从汉代出土的画像砖上可看到簪笔官员的形象。隋唐时期的饰笔，已完全成为文官的标志，而不再具有实际功能了），身穿绛色纱质单衣，内衬白纱单衣，上衣的领、袖、边均用黑色织物制成边缘包饰，腰系革带，金属带扣，大带以丝织物为主，曲领方心（《释名》："曲领，在内所以禁中衣领，上横拥颈，其状曲也。"方心，为下垂一方物），系以绛色纱质蔽膝，足着袜舄。另外饰有剑、佩和绶。上述为五品以上官员所着朝服，六品以下着朝服者减去剑、佩和绶，其余品官所着朝服与五品官所着朝服相同。

唐代依隋朝旧制，基本沿用了隋的衣饰，所不同的地方在于增加了白裙（裳）、鞶囊。另外，隋朝朝服施用范围只到七品，而唐代则施用到九品。

"公服"，又称"从省服"，是朝臣公事、朔望朝谒、见太子时穿的一种礼服。公服最早源于北魏孝文帝。《北史·魏孝文帝本纪》载："夏四月辛酉朔，始制五等公服。"又，《隋书·礼仪志》载："自余公事，皆从公服。冠帻，簪导，绛纱单衣，革带，钩鰈，假带，方心，袜，履，纷，鞶囊。从五品已上服之。绛褠（音 gòu）衣公服，流外五品已下、九品已上服之。"唐代对公服的规定比隋代详细而具体：冠帻系缨，有簪导饰，绛色纱质单衣，着白裙、襦，系有金属扣饰的革带，束大带，饰方心，穿袜和履，饰纷（佩巾）、鞶囊、双佩饰。以上为五品官公服，六品官公服减去纷、鞶囊和双佩，余同五品公服。另外，三品以上有公爵者，嫡亲之婚，可戴大绤冕；五品以上官员的子孙，九品以上官员之子，均可用爵弁。庶人婚，可用降公服（《新唐书·车服志》）。

除朝服和公服这两种用于不同礼仪场合的官服之外，我们前面提到过的常服，在隋代亦有被当做朝服使用的，如隋代初年，隋文帝上朝时就常常以乌纱折上巾、黄绫袍、六合靴，再系十三环带的常服装束临朝听政。但一般的大臣是不能随意着常服登殿的，唐代即是如此。

胡服在唐代不但不是什么稀罕服装，而且有的胡服已被引入官服制度之中，上自皇帝，下至庶民，穿用极为普遍。如在南北朝时曾流行的袴褶服，在唐代也被列入官服之中。《新唐书·车服志》记载："（皇帝）平巾帻者，乘马之服……紫褶，白袴……有靴。""（群臣）袴褶之制：五品以上，细绫及罗为之，六品以下，小绫为之；三品以上紫，五品以上绯，七品以上绿，九品以上碧。"流外官员和宫中嫔娥彩女、歌工杂役，均按一定制度穿用袴褶服。唐玄宗时甚至规定，百官上朝见君时必须穿袴褶服，不穿袴褶服上朝见君者，将被视为有罪。另外，在唐代官服中还有一种胡饰，名叫"鞢韀（音 tièxiè）七事"。所谓"鞢韀"，原本是指西北少数民族骑马时，为了方便携带刀具一类物品所系的革带环，久而久之，成了胡人的一种装饰。唐代官服的佩饰比较复杂，既有佩绶（印）、佩鱼（隋唐时期所兴起的一种官服装饰，其用处类似汉代的绶，按照品级的高下不同，佩以不同质地的鱼符），同时还引入了鞢韀饰。唐代官服中常用的"鞢韀七事"包括佩刀、刀子、砺石、契苾（音 bì）真、哕（音 yuě）厥针筒、火石等。在具体施用时，则不完全按"七事"的内容佩戴，而是根据品级和所供之职的不同佩戴饰物。如初唐时的服饰制度规定：一品以下有手巾、算袋、佩刀、砺石；三品职事官用赐给的金装刀和砺石。至睿宗时，恐文官佩刀不协调（或不安全），于是下诏罢去佩饰中的刀和砺石。武官五品以上仍然沿用以前"七事"内容。

自隋代开始慢慢发展起来的隋唐服饰，至盛唐玄宗时期发展到了顶峰，长安城里随处可见胡汉风格或融二为一的各式服装。"安史之乱"以后，唐代的经济文化发生了急剧逆转，服饰渐渐失去了初、盛唐时期的风采，胡服之风在上层服饰中日趋弱化，取而代之的仍是传统的宽衣大袖式衣装，但民间却依然保持着胡服风尚。

开放的妇女服饰

　　受南北朝时期各民族大融合和统一后经济发达、纺织业迅速发展的影响，隋唐时期的妇女服饰在继承前代传统的前提下，广泛吸收西北各少数民族的优秀服饰风格，创造出了新一代服装样式，真正地体现出隋唐服饰多彩多姿的开放风格。这一时期流行的主要服饰款式，有隋代时就已广泛兴起的短衫襦高腰长裙，有西北地区直接传入的胡装盛服，还有冲破男尊女卑思想、充分表现妇女阳刚之气的颇具时代特征的"女着男装"，甚至还出现了体现女性美的"袒胸"服装。

　　隋唐至五代时期妇女的基本服饰，以襦衫、长裙搭配，再辅以半臂、帔帛及带饰等为主要特征。这种特征的"套装"没有贵贱之分，惟从衣料的质地上，可以表现出贫富差别。

　　这一时期的襦衫受胡汉不同民族传统的影响，形成了不同的式样。襦衫，衫子较长而襦短，袖子有窄有宽，衣襟有对襟、斜襟。穿襦衫时，大多把下摆放在裙内，也有因各种需要而直接垂于裙外的。贵族妇女襦衫的袖多以传统的大袖为主；而普通妇女，尤其是侍女和劳动妇女，为了活动和劳作的方便，则多用窄袖。唐代妇女襦衫的特点之一是领式变化多样，比较常见的有方领、圆领、直领、斜领等。初唐时，在宫中渐渐流行起低领露胸的服饰风尚，其形式为上身穿方领或圆领襦衫，下着长裙，衣领开得较大，有的外着半臂或披巾。初时，双乳袒露不多，到盛唐以后袒乳风盛，不但宫中如此，民间也纷纷仿效，一时间，将唐以前妇女经常贴身穿的抹胸弃置一旁，皆以袒胸为美。当时的诗人周濆在《逢邻女》一诗中生动形象地记述了这种情景："日高邻女笑相逢，慢束罗裙半露胸。莫向秋池照绿水，参差羞杀白芙蓉。"诗中所反映的情状，从一个侧面体现了唐代社会风气的开放、文化思想的活跃，也在一定程度上表现出唐代妇女对美的追求（见图29）。

图 29　袒胸女装

从出土的唐代墓葬壁画或人俑中，经常可以看到一种衣衫之外又加套一件半袖短衣的装束，其中尤以女子服装多见。这种半袖衣就是"半臂"。半臂，一般袖子只有一半，有斜领和直领、斜襟和对襟两种形式。半臂起初是隋代宫中流行的一种服装，不分男女均可穿用。男子半臂袖长及肘腕，斜领，身长至臀部。至唐代，半臂渐渐传入民间，而且多见女子穿用，其形制有直领、斜领，袖长至肘腕，身很短，只及腰间。它不仅可以套在窄袖襦衫外面，还可以直接穿用。穿服时将领下的带子系好，显得很得体，所以"半臂"成为初、盛唐时期广大妇女喜欢的服饰之一。中唐以后，由于妇女衣衫日趋肥大，穿半臂显得不很协调，于是它的使用范围逐渐缩小，至五代时期已经比较少见了（见图30）。

图30　半臂

裙子是隋唐时期妇女穿用的主要下裳之一。裙子的基本形式没有贵贱之分，不过，这一时期的裙子式样，由于受南北朝胡风的影响，较魏晋时期收敛了许多，变得窄而瘦长。除此之外，它还有一个特点，就是着裙者将裙腰提得很靠上，很多人提高到胸乳处。这种高腰裙，在唐墓出土文物或资料中都有体现，如《步辇图》中宫女所穿裙子，裙腰即提得很高很高。唐代对这种高腰裙装的崇尚，可能与当时人们以"颀长"为美的审美观点有一定的联系。

隋唐时期的裙子，不仅种类繁多，而且式样高雅。盛唐时期，裙子的制作精美华丽，价格极为昂贵，有的一条裙子甚至价值"百万"以上。唐代裙子的式样主要有间裙、百鸟裙、石榴裙、花笼裙等等。间裙，或作"裥裙"，是用两种或两种以上颜色的材料间隔排列而做成的裙子。每一间隔称一"破"，唐代有"六破""七破"和"十二破"间裙，有红绿、红黄、黄白等不同的颜色。唐初间裙简朴，后来妇女竞相攀比，靡丽之风日盛。这引起了唐高宗的注意，他曾下诏

83

"务求节俭"。百鸟裙在唐代妇女的裙子中，算得上是价值连城了。因其是用多种（称百种）飞禽的羽毛捻线织成的裙子，故称"百鸟裙"。上等的百鸟裙做工考究，立体感强，能"正视为一色，旁视为一色，日中为一色，影中为一色"，穿起来有"百鸟之状皆见"（见《新唐书·五行志一》）裙中的感觉。花笼裙是唐代上层贵族妇女中流行的裙子，是用一种轻软、细薄、半透明的"单丝罗"织绣而成，上面有用各种颜色的丝线绣出的花鸟等图案。这是一种穿在一般裙子外面的罩裙，与百鸟裙一样，在各种裙子中，属比较珍贵的上等裙子。中宗时，安乐公主下嫁武则天侄孙武延秀时，四川地方官所送的礼物中就包括一件花笼裙。石榴裙是一种单色红裙，在唐代年轻女子中尤为盛行。唐代诗歌中有很多关于石榴裙的描写，如万楚在《五月观妓》的诗中就有"眉黛夺将萱草色，红裙妒杀石榴花"的形象描述。后来人们常常把某些男人被女子所征服，说成是"拜倒在女人的石榴裙下"，此中所提及的石榴裙，可能就是源于唐代的石榴裙。除了上述几类裙子外，这一时期还流行以染缬工艺"缬花"面料制成的"缬裙"，将裙子加宽、腰间折叠成褶而形成的"百叠裙"，以及在裙子上直接作画的"画裙"等。

披帛，或作"帔帛"，是唐代妇女衣装的主要附件，是用轻细的纱罗裁制成的长巾。有素色、单色的，也有按不同喜好印染或绣上一些图案和花纹的。披用时，将帛巾披绕在肩背上，两端下垂。披帛尺寸长短不一。有的人将垂下部分随意绕在手臂上，与窄袖襦衫或半臂以及漂亮的长裙搭配，越发显得妩媚大方。故此披帛深受妇女的青睐，特别是在宫中女子和一些经济条件较好的女子中，披帛者非常普遍。唐代形成的这种披帛之风，对后世的影响是很长远的。直到民国时期仍能看到一些女子，特别是青年女学生保留着这种服饰风格，不过，这时已不叫披帛，而冠以围巾之类的名字了（见图31）。

图31　披帛

　　女着男装，或称"著丈夫服"，是唐代妇女服饰的又一突出特色。它是唐代妇女思想开放、崇尚男子阳刚之气与个性多元化心态在服饰上的体现。女子爱着的男装，主要是男子常服戎装，即头戴软脚幞头（或叫折上巾），身穿翻领或圆领缺胯袍，腰间系蹀躞带（即銙鞢七事类装饰），下穿小口裤，脚穿黑、红皮革靴或锦履。唐代女子的这种装束，最早见于宫中。据《新唐书·五行志》记载，高宗内宴时，太平公主歌舞为之助兴，所穿的衣装就是头戴黑色罗纱折上巾，身穿紫色衫（袍），腰间系玉带，带环上分别饰有纷、砺等"七事"。高宗看后，觉得新奇好笑，对一旁的武后（则天）说，女子不能为武官，怎么这般装束呢？这大概是唐代女着男装的开风气者。另外，在这一时期的出土服饰文物中，也有这方面的反映，如唐永泰公主墓壁画中就有一戴幞头、着胡装、穿乌皮靴的女侍形象。开元以后，女着男装之风逐渐传入民间。到中、晚唐时期，许多妇女以身着"丈夫衣服靴衫，而尊卑内外，斯同一贯"（《旧唐书·舆服志》）这种没有贵贱之分的服装为时髦。据《唐语林》描述，武宗时王才人得宠，经常与武宗皇帝一同出游射猎。出行时，她常与武宗皇帝穿一样的衣装。女着男装之风的流行，一方面表现出唐代社会女子在服饰方面追求阳刚之美的审美心态；另一方面也表明传统礼教思想的统治与束缚，在唐代曾一度松弛（见图 32）。

　　在隋唐五代时期，胡服对妇女服饰的影响比对男子服饰的影响更甚。隋时妇女着胡装者还很少见，初唐时开始增多，至唐开元年间，不论贵族妇女，还是市井村姑，都"好为胡服、胡帽"。通常女子所着的胡服形式为：头戴锦花高顶胡帽，穿翻领窄袖袍，腰系蹀躞带，下着紧口波斯小口裤，足登软锦履（见图33）。中晚唐时，在上层贵族妇女中又流行一种华丽的头饰，配折领窄袖长袍、袖口与衣领处均绣有金缘的特殊衣装——回鹘装（见图34）。

幂䍠（音 mìlí）也是胡服中的一种。其具体形制由于考古发掘中至今未见到实

图 32　女着男装

物，所以只能从文献的简单记载上去推断。一部分人认为，幂䍠是一种衣帽相连属、面部及前身分开、穿起来只露出双眼的"可以视物、可以窥人"的大斗篷。其理由是幂䍠起源于西北少数民族地区，那里的地理环境和自然条件恶劣，风沙大、空气寒冷、日照强烈，穿上幂䍠可以有效地防止风吹日晒，保护皮肤；妇女穿上它，在出行时还可以防止男人的窥视。这种推断有一定的道理，因为目前一些自然环境较差的阿拉伯国家的妇女，依然保留着这种衣着风俗。不过，阿拉

图 33 胡服女装

伯国家的妇女所围用的只是一大块深色纱丝，这一点又在一定程度上符合了另一部分人的推断，即幂䍦是用一幅大罗纱巾制成的，使用时从头到身自然围下，主要是护住头颈部。据文献记载，幂䍦在隋时传入，至唐武德、贞观时期，宫中妇女骑马出行时穿着幂䍦十分普遍（见图35），贞观以后，这种衣装很快被一种叫"帷帽"的行装所取代。帷帽，是一种高顶宽檐的笠形帽子，帽檐周边设有一层网状纱帘，下垂至颈肩。其功能与幂䍦差不多，唐高宗时在民间流行，但时间不长，随着大唐社会的进一步开放、妇女衣装的进一步更新而遭淘汰，因为靓妆女子的娇容再不必半遮半露。唐玄宗开元年间，女子多以胡帽为美，其面部"无复障蔽，靓妆露面，士庶之家（女子）相继效仿，帷帽之制，绝不行用"（《旧唐

图 34　回鹘装

书·舆服志》)。唐代女子从着幂䍦到帷帽，最后到"靓妆露面"的着装历程，反映出唐代社会妇女思想的逐步开放（见图 36）。

隋唐五代的服饰变化，基本上是随着唐代的发展而发展变化的，靴鞋也是如此。唐初承袭隋代，五代又与晚唐无大差异，这一时期流行的靴鞋，主要有线鞋、高头革履、锦勒靴、金缕鞋、翘头履、革履。

线鞋是唐初流行的一种尖头、薄底的鞋子。由

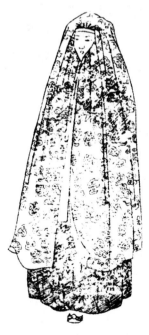

图 35　幂䍦

图36　帷帽

于穿着线鞋活动起来轻巧便利，所以很受宫中侍女的
喜爱。翘头履是承袭汉魏时期贵族的旧制而来的，隋
唐五代时期仍然多为高官显贵们穿着，其中尤以唐代
妇女的翘头履式样最为复杂，有尖头、方头、圆头等
几种，同时还常能见到一种云头履。靴子是唐代人们
最常穿的，男靴多以黑皮制成，女靴有黑皮制成的，
还有用红颜色皮革制成的。一些贵族女子为显示其身
份的尊贵，还常穿用各种名锦制成的靴子（见图
37）。

隋唐五代时期，不仅妇女的服饰丰富多彩，其头

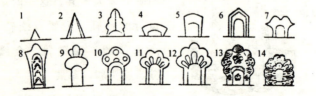

图37　履头式样

90

髻发饰也是千姿百态。仅马缟《中华古今注》和宇文氏《妆台记》二书记载的各种发髻就达几十种之多，如近香髻、奉仙髻、坐愁髻、九真髻、侧髻、高髻、倭堕髻、凤髻、低髻、小髻、螺髻、反绾髻、乌蛮髻、同心髻、交心髻、囚髻、椎髻、抛家髻、闹扫妆髻、偏髻、花髻、拔丛髻、丛梳百叶髻、双环望仙髻、半翻髻、回鹘髻、归顺髻、云髻、双髻、宝髻、飞髻、惊鹄髻、平番髻、百合髻、乐游髻、长乐髻，等等。这些髻式，分别流行于不同时期，据马缟《中华古今注》记载，"隋大业年间，令宫人梳朝云近香髻、归仙髻"。唐段成式《髻鬟品》记载，（唐）高祖时，宫中女子的发型有半翻髻、反绾髻、乐游髻；唐明皇时，宫中有双环望仙髻、回鹘髻、贵妃作愁来髻；贞元中，有归顺髻，又有闹扫妆髻，长安城中有盘桓髻、惊鹄髻，还有抛家髻、倭堕髻。假髻在唐代依然流行，如史料中记述的杨贵妃将义髻抛至河里，这个"义髻"就是一种假髻。晚唐五代时期，由于社会矛盾进一步激化，一方面朝廷危机四伏，另一方面则是上层统治者中的奢侈之风更加盛行，妇女头饰的日渐庞大华丽就是例证。如周昉《簪花仕女图》中的仕女，便梳着一种高耸华丽的高妆花髻，由此可见当时宫廷贵族妇女的发髻样式与崇尚浮华的审美心态。

这一时期妇女的各种头髻虽然种类繁多、名目各异，但从其外形与发式上看，大致可分为高髻式和垂髻式两种（也有很少的平髻式）。其中高髻发式在唐代占有一半以上的比例，到五代时，这类发髻仍占多数。

半翻髻是初唐高祖时期宫内流行的一种髻式，属高髻式类。此髻在编法上先是将所有的头发集束向上至头顶，然后向侧盘垂，使之略为前倾。湖南长沙成嘉湖唐墓出土的瓷俑头饰，即为半翻髻妆式。

螺髻因形制颇似河螺之状，故名。它也是初唐时期流行起来的一种髻式，亦属高髻式。陕西乾县唐永泰公主墓壁画中有一侍女梳的就是螺髻。螺髻不仅在唐代流传很广，而且对宋、明两代妇女的发型影响很大，宋、明时女子皆以梳螺髻为时尚。

回鹘髻是回鹘人（现在的维吾尔族人的前身）所梳的发髻。它与回鹘装一同传入长安，开始时，只有城中少数回鹘女子好梳此髻，后来一些汉族妇女觉得很美，便竞相仿效，使之流传开来。其形制据《新五代史》记载，"妇人总发为髻，高五六寸，以红绢囊之"。在甘肃榆林石窟的唐代壁画中，有一幅很清晰的穿回鹘装女侍图像，该女侍梳的即为回鹘髻。

高妆花髻。所谓花髻，就是在头上插饰各种花草饰物，以增加艳美程度。这种髻式从外表看比较大，使人难以相信完全是用自己的头发梳成，它是中、晚唐和五代时期宫廷妇女流行的发髻之一。

双环望仙髻是初唐时期流行的发髻。梳法是将头发从中间分开，然后在头顶两侧各梳成一羊角状结髻，其角尖向耳后卷垂。在湖北武汉出土的唐代陶俑中，即可看到梳有双环望仙髻的妇女形象（见图38）。

92

图38 发髻

六 宋代服饰

公元 960 年，后周大将赵匡胤在陈桥驿（今河南开封东北）发动兵变，由部卒拥戴，黄袍加身，登临帝位，定都东京（今河南开封），建立了宋王朝。历史上称为北宋。宋王朝建立以后，经过十几年的征战，先后灭掉了后蜀、南汉、南唐等割据政权，结束了五代十国的混乱局面，统一中原。在服饰制度方面，也结束了纷繁杂乱的状态。

 ## 理学思想影响下的宋代服饰

宋初，农业、商业、手工业都有了长足的发展，从而为服饰文化的发展提供了条件。北宋画家张择端的《清明上河图》生动而具体地展现了东京城内社会、经济、文化的昌盛、繁荣、安乐景象。从《清明上河图》所表现出的服饰内容和史料中的文献记载来看，宋代的服饰制度等级较之前代更趋严格，划分的等次也更为具体。这一局面的形成，是由统治者所奉行的思想决定的。北宋统治者为使自己的政权不致重蹈唐代的覆辙，一开始就采取各种手段强化封建政权的官僚等级制度；以后为加强这种制度，又将等级制度与伦理道德联系起来，大力推崇理学思想，提倡"存天理，灭人欲"的行为准则，试图在人们的思想意识中形成一种固定的观念，即包括衣着在内的一切言行必须服从统治者的思想要求，否则将被视为不轨，以此达到巩固长期统治的目的。

宋初的服饰制度大体沿袭唐制，但由于受统治者倡导的传统礼制的影响和渗透，服饰形式在传承中又多有变异，与唐代有很大的区别。唐宋服饰的最大区别在于从开放、自由趋向于复古、保守。朝着这一方向发展的最初举措，具体体现在宋太祖建隆二年（961年）博士聂崇义受命编纂的《三礼图》中。此书的宗旨，按聂崇义自己的话来说，是要"详求原始"，即细细考证古代衣冠制度，以"恢复尧舜之典，总夏商之礼"，"仿虞周汉唐之旧"。尽管《三礼图》书中所修编的服饰制度与古代礼仪制度本身有不小的差异，但由于得到皇帝的钦准，便成了制定宋代服饰制度的第一纲领了。此后，宋代服饰在理学思想的影响下，大大改变了唐代服饰那种兼容百家、自由奔放、多姿多彩的开放风格，朝着复古、质朴、规范、繁琐的风格发展。这一特点，在官服和男子服饰上表现得最为典型。在妇女服饰上，虽然也有强烈的体现，可还是不如男子服饰"复古"得那么具体而全面。

宋代由政府直接实施的大的服饰制度改革，主要有以下几次：第一次是在宋太祖建隆元年。当时北宋政权刚刚建立,改正朔、易服色是每个新朝代的当务之急,这或许不能称是改制,可以说是新制的确立。第二次就是聂崇义上《三礼图》,主张衣冠复古的那次。此次改制是一次比较完全,而且也是最大的一次改制。第三次改制是在仁宗景祐二年(1035年)。仁宗皇帝认为帝、后及群臣冠服多沿用唐代旧制,有失法度,故下诏,要求对冕服之制要"详典故,造冠冕,镯减珍华,务求简约"。这是一次追求节俭性质的改制。这以后,在宋代仁宗庆历、神宗元丰、徽宗大观等年间,都对一般官服及民服制度做过多次修改和补充。

 ## 等级森严的官服

宋代服饰经过上述几次较大的改制之后,虽然趋于保守,但在礼序上确实显示出了周汉官服典雅、庄重的风格,并且突出和强化了服饰作为重要政治等级标识的内容。

帝、后的服饰,按照统治者的意志和宋儒理学思想的要求,对旧式的冕服、通天冠服与服用制度都做了修订。冕服在宋初按《三礼图》所载,即全面恢复了帝王的"六冕"(大裘冕、衮冕、鷩冕、毳冕、希冕、玄冕)制,后妃的"礼衣"(即袆衣、褕翟、鞠衣、朱衣等)制也同时列入宋代帝后的服制之中,但是在实际的使用中,却是不可能全面恢复古制的。如周代规定"六冕"服制在使用时,要严格依照不同礼

仪的轻重程度选择使用，宋初对这种规定制度尚能
"以礼相待"，可是至元丰元年（1078 年）时，由于帝
王不能亲自参加衮冕以下规定的祭礼活动，所以干脆
就完全废除了衮冕以下的冕服服用规定。以后到绍兴
四年（1134 年）五月改制，去除衮冕，只用鷩冕，以
下四种冕制，各品职则按这四种等级选择使用。等级
细致化后，通天冠服仍作为仅次于冕服的第二礼服，
供皇帝专用。宋代的通天冠形制大体如唐式，也是饰
做二十四梁，加金博山。不同的是，宋冠饰上又附加
了用金或玳瑁制成的蝉形，冠高及宽均为一尺，青表
红里。

　　北宋时期，由于社会等级制度十分突出，官品职
位的标志在服饰上的反映也是非常明显的。冕服是传
统冠服中的大礼服，其等级制度最为严格。宋代群臣
的冕服之制虽经几次修改，但始终处于争论之中。如
宋初省去了唐代冕制中的八旒和六旒制，只用九旒、
七旒、五旒，并规定，九旒冕为亲王、中书门下奉祀
时穿戴，冕服及佩饰为青罗，上饰山、龙、雉、火、
宗彝五章图案；绯罗裳上饰藻、粉米、黼、黻四章图
案，蔽膝上饰山、火二章图案；七旒冕衣上饰宗彝、
藻、粉米三章图案，裳上饰黼、黻二章图案，它们均
是九卿奉祀时穿用的礼服；五旒冕为青罗衣裳，无章
纹，是四品、五品官的官服；六品以下官员的官服，
与五品官的大体相同，只不过在饰物上不佩剑、佩、
绶而已。

　　宋代的服饰特点反映在朝服制度上更为突出，它

不仅承袭了唐代朝服作为区分等级标志的旧制，而且还以各种锦绶来强化官员等级，使各品级之间更加不可逾越。常用的各种锦绶类有：天下乐晕锦、杂花晕锦、方胜宜男锦、翠毛锦、簇四盘雕锦、黄狮子锦、方胜练鹊锦，等等。另外，百官们上朝时所着的朝冠——进贤冠的等级标志更具代表性。最突出的表现是在冠梁上，宋元丰及政和年间以后规定的朝冠冠梁依次为七梁、六梁、五梁、四梁、三梁、二梁六种梁数，共七个等级。其中，列第一位的是在七梁冠上加"笼巾"。这种梁冠又叫"貂蝉冠"（见图39），是用竹藤丝编成的正方形冠，外面用黑漆漆饰，冠的左右两

图 39　貂蝉冠

侧饰有似蝉翼的两片冠饰，银色，冠正面饰有银色花朵，上面缀有黄金附蝉。南宋时又改为玳瑁附蝉，并在玉鼻左侧插饰貂尾。戴这种最高级的冠者一般为三公、亲王等。排在第二位的是不附加貂蝉笼巾的七梁冠，这种冠除少了貂蝉笼巾外，其余大体同于貂蝉冠，官职为枢密使、太子太保者才有资格戴这种冠。列第三等的是六梁冠，为左右仆射至龙图阁直学士诸官所专用。第四等为五梁冠，为左右散骑常侍至殿中少府、将作监之类文武官员所戴。四梁冠列第五等，为九寺少卿、侍御史、尚书左右司郎中、员外、朝奉大夫、驸马都尉等官员所戴。三梁冠列六等，为殿中侍御史、监察御史、司谏、尚书六曹员外郎等官员所戴。二梁冠等级最低，列第七等，为在京职事官、看班祗侯、率府副率及内臣官所戴（见图40）。在朝冠中还有一种獬豸冠，该冠亦属进贤冠类，依照其形制和历代沿

图40　梁冠

用传统，宋代仍旧将这种冠规定为执法者所戴之冠。这种冠也有品级区别，佩戴者需根据品级高低来定冠梁。

宋代服制中亦设有公服（即从省服）制度，但这时的公服制度与唐代的公服制度又有所不同。唐代公服与常服是有着比较明显的区别的，而宋代则将公服与常服合二为一，既可称公服，也可称常服。其基本样式为官员着公服时，头戴幞头，身穿大袖长袍（襕袍），腰间系革带，带饰佩鱼，脚着乌皮革靴。

幞头经唐、五代不同时期的演变，至五代末期，已经与原始幞头有了很大的区别。到了宋代，又有所变化。首先，唐、五代时期为使幞头具备一定形状，在制作时，需先用藤竹一类丝条编成巾子（框架），然后用纱围好，再涂上漆。宋代幞头则省略了巾子工序，直接用漆纱制成。其次是幞脚，虽说宋代幞头的撑脚材料仍用铁丝、琴弦、竹篾之类制成，但所形成的脚翘则与唐、五代时又有所不同，有直脚、局脚、朝天脚等式样，其中以直脚在官服当中最为常见。宋初仿五代幞头，脚翘尚短，到宋代中期以后两脚加长。官员们戴上这种左右伸展很长的水平直脚幞头上朝，必须身首端直，稍有懈怠，即先从两个翘脚上反映出来。当然，群臣之间若在朝上交头接耳、私下议论些什么，就更容易被人发现。据说宋代公服使用这种幞头（冠），就是为了防止臣僚们在朝殿之上走神或私语。康王南渡以后，幞头又出现了一些新的变化，即在幞头上簪以金银或罗绢制成的花朵。但是这种形制的

100

"花幞头"一般不常用，只是在皇帝举行郊祀、明堂大祭等礼仪结束后，由皇帝赏赐给随从而来的百官大臣及其他随从人员，方能戴用它。其花的颜色有红色、黄色、银红等三种。另外，宋代官服中常用的平脚幞头，已经完全脱离了隋唐时期巾帕顺裹的形式，摘取、戴用十分方便，已经和冠帽没有什么本质区别了，所以宋代的这种首服与其说叫"幞头"，倒不如直接叫冠或帽子恰当。

幞头在宋代是一种最为常见的男子首服，上自皇帝太子，下至百官士庶都可以戴用，只是因不同身份和所处场合而有所区别。除了上面说的展脚幞头为官员们在朝会、谒拜、公务等场合服用外，还有不少供职位较低的随从、护卫人员或供官员宴居时所用的一些幞头。如供吏人所戴的圆顶软脚幞头，供仪卫戴的黑漆圆顶无脚幞头与伶人戴的牛耳幞头，还有卫士戴的一脚指天、一脚指地的圈曲幞头。此外，还有供其他杂役、宫人所戴用的各式幞头，如曲脚幞头、高脚幞头、宫花幞头、卷脚幞头、银叶亏脚幞头、玉梅雪柳闹鹅幞头、交脚幞头等等，种类繁多，式样各异，且各具特色（见图41）。

宋代官服中，官员所穿的袍服与唐、五代官服中的袍服没有大的区别，其形制为圆领，身长过膝，下设一横襕。这种形制设计大概是基于恢复古制，所不同的是宋代袍袖比唐代袍袖要宽博得多。宋代袍服的等级划分，仍然沿袭唐代"品色服"的旧制。宋初规定，三品以上服紫袍，五品以上服朱袍，七品以上服

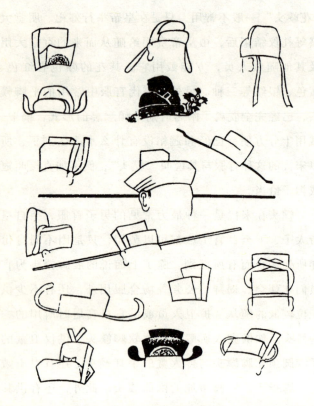

图41　宋代各式幞头

绿袍，九品以上服青袍。宋神宗时，又改为四品以上
服紫袍，六品以上服绯袍，九品以上服绿袍。

革带是宋代官服（朝服、公服、常服）上的一种
饰物。即使是这样的一般性饰物，在宋代的官服中仍
然被划分出若干不同的等级来。其划分标志是用不同
的带铐来区分，如玉带铐是三品以上官员在朝会时所
系，犀带铐则必须是品官才有资格系用，而金带铐常
常被皇帝用作赏赐有功之臣的赐物。对各种不同品级

官员所系革带，朝廷在太平兴国七年（982年）曾做过具体规定，如三品以上官员系玉带，四品以上官员系金带，五品、六品官员系银带，七品以上未参官及内职武官系银铐带，八品、九品以上官员系黑银铐带，其余官员的官服则系黑银方团铐带或犀（牛）角铐带，贡士及胥吏、工商、庶人则只准系铣角铐带等等。

宋代的官服中还有一个重要饰物，就是鱼符袋，它是划分不同官员等级的又一种标志。鱼符袋从隋代开始就出现在官服之中。隋王朝在开皇十年（590年）所颁布的诏令中规定：木鱼符只用于京师五品以上官员佩戴。唐代官服中继续沿用鱼符，上朝时将写有官员本人姓名的鱼符装入鱼符袋内，出入宫门须出示，以供查验，其作用相当于现在的出入证。到了宋代，省去了鱼符不用，而直接把鱼符袋挂在腰带之下，并用以区分贵贱等级。宋代鱼符袋有紫、绯两种不同颜色，前者为贵，后者次之。朝官被皇帝赐用金紫或银绯鱼符袋，是一件非常荣耀的大事。据说宋代著名文学家苏东坡为官时因有重大政绩，曾获得过皇帝赐予的银绯鱼符袋。

由于鱼符袋在宋代经常被作为一种带有赏赐性的特殊服饰，所以它常常被皇帝用来作为恩典，抚慰某些久居同一官职而没升迁的禄官，如在外担当节镇和奉使，或久任一职年满一定时限未得升迁的京官。穿绯衣者被恩准可以借紫鱼符袋佩用，穿绿衣者被恩准同样可以借绯鱼符袋佩用。但赐和借的官员都要特别注明是赐给的，还是借用佩戴的（见图42）。

图42　宋代朝服

宋代官服的足衣有靴子和履。宋初，官员朝会时着靴子，这是沿用了唐代的服制传统。由于靴子原本是少数民族的服饰，与宋代恢复传统古制的传统思想有悖，所以政和年间规定改穿传统的履。南宋乾道七年（1171年），又规定官员的足衣弃履而换靴。虽然恢复了靴制，可这时的靴子，仍旧突出了履的一些特征。具体形制是用黑色皮革制成长筒式，里面衬以毛毡，靴高八寸，文武官员通用，穿用时依各官所穿服饰的颜色，对靴子的边缘滚条加以相应装饰。

在宋代的官服中，还依照前代的传统设置了一种时服。时，指的是时令和节日，时服当然就是在一定时令和节日，如端午节、春节、十月节或皇帝五圣节等佳日时官员们穿的衣装。这种衣装的服用制度很特别，它多由皇帝依照不同节气颁赐给不同官阶的官员。皇帝经常颁赐的服饰有：袍、衫、袍肚、勒帛和裤子等。颁赐时，大多是按照朝中官员的不同职位，分别赐给不同图案的织锦时服。如中书、门下、枢密院、宣徽院、节度使及侍卫步军都虞侯以上和大将军以上等职臣僚，皇帝常赐天下乐晕锦时服、三司服；学士、中丞等职官则赐簇四盘雕细锦时服；三司副使级职官赐黄狮子大锦时服；团练使、刺史等赐翠毛细锦时服；权中丞、知开封府职官与三司副使赐翠毛细锦时服；六统军、金吾大将军赐红锦时服。皇帝对诸班和诸军将校所赐时服用锦还有翠毛锦、宜男锦、大雁细锦、狮子锦、练雀锦、宝照大锦、宝照中锦等等。

质朴的民服

这里说的宋代民服，是指除去朝官用于公事的朝服、公服、时服及官员常服等以外的各类服饰，包括朝官大臣私下宴居、告老还乡时所用服饰和一般平民百姓的服饰。较之官服而言，这些服饰在制式上受理学思想的束缚相对较小，因而显得质朴自然。两宋时期的服饰制度规定：举人、公吏、士商以及平民百姓不得穿用紫、绯、绿、青等官服色衣，只能用黑、白二色，否则将被治罪责罚。

宋代的民服，主要包括巾、幞头、帽、直裰、衫袄、褐、背子、半臂、鞋等基本衣饰和辅件。

在古代服饰中，各种巾子一直是一种比较随意的首服。宋代基于幞头渐由巾子转化成帽子，并将其官服化等原因，裹巾之风又盛行起来，裹巾者多为士绅、文人和普通劳动者。

东坡巾是宋代较为流行的巾式。有记载说，北宋大文学家苏轼（字东坡）常戴此巾，因此而得名。元人赵孟頫绘《苏轼像册》和明人李士达作《西园雅集图》中的苏轼像所戴的巾子，均是这种"东坡巾"。东坡巾为方形，棱角突出，内外四墙（巾子四边），内墙又较外墙高出许多。关于东坡巾，文献记载和考古材料中还没有准确的尺寸记录和实物出现，所见形象均为传世画像。东坡巾在民间很盛行，特别是一些文人雅士更是以戴东坡巾为时尚，这种情形与魏晋时期的服饰世风大略相似。东坡巾作为一种新式装饰，表现了人们特殊的服饰文化心理和审美情趣：首先，穿戴一种新式服装可以引起世人的注目，从而能收到表现自身个性的社会效应；其次，多数朝廷官僚士绅在官宦仕途之外，需要找到另一种介于礼雅之间、官民之间的服饰，它应既能表明自己的特殊身份，又能满足其心理与精神寄托；再次，相当一部分怀才不遇或官场失意的儒生文士，为显示自身的脱俗、高傲、雅致，需要有一种明显的冠服以明心迹；最后，对于那些力图跻身仕途的青年儒生，也想寻求到一种能表明心志、学识的冠服标志。所以苏东坡这样的大文豪常戴用的巾式，使许多附庸风雅者纷纷效仿，风行一时。东坡巾不仅在两宋时期颇为流行，还影响到明代，如明《越中不朽图赞》画中的长沙太守形象，头上戴的即是东坡巾（见图43）。

除东坡巾外，以名人命名的巾子还有"山谷巾"。相传这种巾子由北宋诗人黄庭坚首戴，黄庭坚号"山谷道人"，故而得名。两宋时期流行的巾子，还有仿前代巾形的"仙桃巾"和"胡桃结巾"，以及以各种丝

图 43 东坡巾

织物制成的传统巾式，如幅巾、软巾等等。民间流行
的幞头已在宋代官服幞头中提及，在此不再赘述。

帽子在宋代的民服中，种类式样也不少，但宋代
戴帽者多是文人、隐士或广大劳动者。例如席帽，是
一种用藤席为骨制成的帽子，其形制是高帽筒、宽帽
沿，帽子前沿下缀加一幅透孔网状围栏，有点像唐代
的帷帽。这种帽子一般为士子及未取得功名的读书人
戴用，有了功名后，即改戴品官之冠帽了。因此席帽
也可以说是一种"准官帽"。笠帽为一种传统的沿
帽，制作材料与席帽基本相同。在形制上，笠帽比席
帽的沿和筒都短，但没有围护网。这种帽子多为广大
劳动者如农民和渔夫戴用。此外，一些退休官僚、文
人隐士，或为消遣，或为寻觅诗情雅兴，也时常有意
模仿渔翁之装，身着蓑衣，头戴笠帽，垂钓于江河溪
流之上。如苏东坡在《浣溪沙》词中，对此现象便

有生动的描述，"自庇一身青箬笠，相随到处绿蓑衣"，刻画出文人隐士们穿着渔夫之装、寻求闲情逸致的景况。

直裰（音 dūo）是否就是唐代的襕衫，目前还不十分清楚。在具体的服制形制上，有人认为直裰是一种长衣，从后背之中缝直通到底，所以叫"直裰"，或叫"直身"；也有人认为它是一种长衣，下面无襕，所以叫直裰；又有记载，说它是长衣下面加襕者，才叫直裰。宋人郭若虚在《图书见闻志·论衣冠异制》中则记载："晋处士冯翼，衣布大袖，周缘以皂，下加襕，前系二带，隋唐朝野之服，谓之冯翼之衣，今乎直裰。"

衫、袄、襦，是三种形制大抵相仿的宋代民服上衣。三者的不同名称，很可能是由于各自的用途、穿着者和出现时间不同而造成的。其中衫子在唐以前是穿于礼衣之内的衫衣，后来直接外穿，也多作为士大夫的宴居之服；袄的称法较晚，是广大劳动者的衣着；襦出现的时间较早，我们前面已做过介绍。这三种不同名称的上衣，在宋代都是平民和士大夫日常的衣着，其中衫子的形制就有多种，主要有紫衫、凉衫、襕衫、帽衫、毛衫、葛衫等。紫衫本是军校之服，所以衫子的式样重实用功效，利于战斗。它的具体形制与缺胯袍差不多，但却比一般的缺胯袍短。由于宋与辽金的战争不断，朝廷规定士大夫也必须穿用此衫，以利戎事。凉衫形制与紫衫差不多，只是衫袖比紫衫宽肥一些。因这种衫子是用白丝布制成的，所以人们又称之为"白衫"。凉衫的外形比较美观大方，穿着起来又非常舒适方便，故在南宋时，多作为士大夫在交际、居官、临民视事等活动时穿用的衣装。后来由于凉衫用本色丝布制成，与丧服近似，让人觉得不吉利，所以在南宋孝宗时期，礼部侍郎王晔奏请皇上罢用凉衫，改袭紫衫，得到钦准。这样，凉衫便只许作为丧服的一种穿用，而不许在平日穿着了。襕衫是宋人仿照古代深衣上衣下裳的形式，又参照唐代襕衫的形式制成的袍衫。不过宋代的"深衣"只是在形式上（加襕，象征上衣下裳、腰间打褶）承袭古礼的遗风，而实际上已完全接近当时的一般袍服了。其形式和使用对象据《宋史·舆服志》记载："襕衫，以白细布为之，圆领大袖，下施横襕为裳，腰间有襞积。进士及国子生、州县生服之。"帽衫是宋代的一种皂衫，因穿衫者多头戴乌纱帽，再穿黑色衫子，衫帽同色，浑然一体，故名。据《宋史·舆服志》记载，北宋时期，帽衫为士大夫日常交往时常穿的服装。南宋以后，由于紫衫和凉衫日趋流行，穿用帽衫者日见减少，以致到后来，只有士大夫家中举行婚礼、祭祀、加冠礼时才穿用。另外，一些国子监的学士也时常穿着帽衫。

褐衣是用粗织葛麻布缝制而成的上衣。宋以前，褐衣身长较短，所以又叫"短褐"，是广大劳动者的常用衣装，甚至成了劳动者的代名词。到了宋代，劳动者依旧以短褐为常用的衣装。另外，这时的一些隐士等也常穿用麻衣，他们所穿的这种麻衣也叫"褐衣"，但袖子和身腰都比劳动者穿的一般短褐要宽、长得多。

　　背子（又叫"褙子"）是宋代人们穿用最为普遍的服饰之一。不论男女老幼，也不管职位尊卑，上自皇帝，下至群臣百姓，皆可以穿用。正如宋代《宣和遗事》一书所载："徽宗闻言大喜，即时挽了衣服，将龙袍卸下，把一领皂褙穿着……是时，王孙公子、才子、伎人、男子汉都是顶了背带头巾，窄地长褙子，宽口裤。"宋代背子的形制有四五种，就其式样来看，有相似的，也有出入颇大的。从形式上看，宋代的背子有以下几种：（1）斜领加带式。其具体形制是斜领，身长至脚面，窄袖至腕，后背至腋下附二根带子，可以扎系。（2）对襟开胯式。这种背子最为典型，其具体形制为窄袖长至腕部，直领对襟，腋下开衩很高，整个背子无带束。（3）直领长袖式。此种背子较为宽松，开衩较高，袖子为半袖。（4）斜领短身式。其具体形制与第一种相似，只是身长明显短了许多。

　　按宋代服制规定，官员不能在典礼等正式场合穿用背子，但在日常活动中，穿着背子出行、会客是常事，家居着背子就更是平常了。宋人出行时所穿的背子一般是比较长的，如北宋张择端所绘的《清明上河图》中，就有二人穿这种长式背子，其中有一人头戴席帽，这说明当时未成就功名的学子也是常穿背子的。短式的背子多为轿夫、仪卫、货郎等人穿用。为了行动方便自如，广大劳动者多爱穿开胯背子（见图44）。

图44　1 长褙子　2 短褙子

　　与背子形式相近的还有半臂和背心。半臂本是军
戎之服，后转为民用服饰，据说背子就是由半臂演化
而来的。背心的形式与现代的背心相去甚远，其制式
与半臂和背子近似，完全没有袖子。三者的区别，已
故学者周锡保先生认为：如若将半臂袖子引长，则成
为背子；若半臂再去掉其半袖，则成为背心。《事林广
记》认为半臂后来就称"背心"。关于背子、半臂和背
心三者的真正区分，目前还难以做出有说服力的结论。
它们有可能是同一种服装的不同称谓，如同现代女子
所穿的连衣裙有长袖、短袖、无袖各式，既叫连衣裙，
又叫"布拉基"一样。

　　宋代鞋的品种很多，按照制作时不同的质料，可分为草鞋、布鞋和麻鞋。两宋时期的鞋和履差不多，鞋比履稍浅，但比履形制更为精巧，所以穿用的人也很多。劳动者多穿草鞋，差役等低层小吏多穿用麻布鞋。除麻布鞋外，还有丝布鞋，由于做工精巧、用料好，往往很昂贵，大多为一些官僚绅士所穿用。在江苏金坛县发现的南宋周瑀墓中，曾出土过一双软底丝布鞋（见图45）。

图 45　布鞋

秀美的妇女服饰

宋代的妇女服饰与唐代比较，从整体风格上看，是由丰趋于俭、由华丽趋于素朴，全面归于礼道。宫中妇女及其他贵族妇女服饰虽然恢复了传统礼序旧制，然而在整体风格上，除加了一些衣饰以外，其他方面如衣式、服色上则与周秦有很大的变异。其礼装风格仍是上着大袖青色衣，下着长裳（裙），带蔽膝，青色乌袜等，所不同的是附加了霞披、玉坠子。在礼服的服用和分档上，可分为祎衣、褕翟、鞠衣、朱礼和礼衣五等。

两宋时期，妇女仍旧以衫、襦和袄为主要上衣，下穿各式窄裙或裤子。唐代非常盛行的披帛，在北宋时期仍可时常见到，说明宋代妇女服饰虽然按礼改制，但仍继承了前代的一些服饰风格。

宋代女子的衫、襦形制式样较多，其中主要为直领对襟式。这种衫子都比较宽博，为贵族女子常用。在福建省福州市的南宋黄昇墓中，曾出土了一件大袖长衫。衣衫为纱质，身长 120 厘米，袖子竟有 69 厘米宽，可以想象穿着起来是多么宽肥（见图 46）。襦一般身长较短，袖子也窄得多，领子以斜领居多，有的没有缘边，有的有锦、罗质缘边，颜色多为紫、红、土黄和青色。庞天英《老妇吟》中有"紫襦叶叶绣重重，金凤银凤各一丛"的诗句，对紫色襦衫的形制，做了生动形象的描述。襦在宋代多为中下层妇女所穿，它没有年龄的限制，无论年轻女子，还是老年妇女都喜欢穿。此外，宋代还有一种长短尺寸介乎于衫、襦之间的上衣——袄。妇女的袄以夹衣居多，有的还在中间夹絮棉，也就是后来的棉袄。穿着时，一般将袄衫下摆自然垂在裙上。袄是妇女秋冬季节的防寒衣装（见图47）。

图 46　衫

宋代妇女的下裳仍以裙子为主，在一定程度上直接承袭了唐、五代裙式的遗风。特别是唐代风行一时的"石榴裙"和五代时期盛行起来的"百褶裙"，在这一时期依然盛行。对此，宋人的诗词中多有体现，

如徐光前在《赠卖花冯女》
的诗中有"宿妆淡眉成字
映，花避月上石榴裙"句；
张子野《浣溪沙》中有
"轻履来时不破尘，石榴花
映石榴裙"句等。宋代的裙
子虽然在名称上与前代相
同，但是在其形制上还是有
所变化的。最明显的是唐、
五代妇女的裙子都比较宽
博、拖长，宋代妇女的裙子
一般比较窄俭。另外，在衣
裙的穿法上，宋与唐、五代
时期也有所不同，唐、五代
时女子一般都将衫襦下摆放
入裙子内；而宋代则相反，
以将下摆垂落于裙外为时
尚。

图 47　袄

　　宋代的纺织业较前代更
为发达，一些工艺复杂的丝织产品也能大规模生产，
如罗。罗是一种轻薄而有疏孔的较为上乘的丝织物，
织造工艺要比纱、绢、绮等复杂。宋代依照不同工艺
可生产提花罗和素罗，宋代女子很喜欢用这两种罗裁
制衣装，其中裙子是最为常见的一种，人们习惯称这
种织物做成的裙子为"罗裙"。在宋代妇女中，穿着罗
裙是一种时尚，在福州发掘的黄昇墓中，仅各式罗质

的裙子就有 15 件之多，说明罗裙在当时曾极为盛行。一些贵族妇女为了显示身份，多喜在罗裙上绣一些图案，因此又有了"绣罗裙"的说法，当然，这只不过是一种泛称而已。而一般女子所穿的罗裙，有直接用素罗或提花罗制成的素罗裙、提花罗裙，还有黄罗销金裙等种类。另外，宋代还有两种形制比较独特的裙子。一种是便于妇女骑行的"旋裙"，其特点是在裙的前后取中处，各开一衩，目的是双腿便于活动。起初，穿这种裙子的女子多是汴梁（今河南开封）的妓女，后来被上层贵族妇女看中，纷纷效仿。另一种叫做"赶上裙"，又称"上马裙"，其形制为前后各一片，两片相掩，活动幅度较大，也便于骑马，因此得名。但这种裙子在妇女中流行时间不长，只是在宫中女子中常见，后来因被视为"妖服"而遭取缔。

在宋代妇女的服饰中，裤子是仅次于裙子的下裳类服装。在穿用方式上，有直接穿在外面的，但更多的则是穿在裙子内。这时妇女所穿的裤子有两种：一种是开裆式。它的形制基本承袭了先秦、两汉时期裤子的形式。穿用时，外面需罩上裙子，罩裙一般比较长，以过脚面者最为常见。穿这种裙子的妇女多数是上层贵族或富家之女眷，如福州南宋黄昇墓中，黄氏身上所穿的裤子，就是这种开裆裤。另一种是直接穿在外面的裤子，不开裆，被称为"合裆裤"。这种裤子的优点是便于活动，保暖性强，所以多为广大劳动妇女所穿。宋代妇女的裤子中，还曾流行过一种袜裤，又称"钩墩"。它本为胡人服饰，后在北宋末期被列为禁服。

宋代女子穿着背子更是一种时尚，上自皇后嫔妃、下至奴婢侍女及民间普通百姓，都穿着各式背子。女子所穿的背子，是穿在衫襦、衣袄、裙裤之外的罩衣，这一点与男子不同。男子大多将背子衬于公服之内，穿在外面的比较少。宋代女子所穿背子的形制，大多为直领、对襟、窄袖，两胯有开衩，领和袖端一般用不同的织物作出缘边，两襟相对处没有丝带扎合，身长大多在膝盖上下。其质地因经济条件的不同而有所差异，贵族妇女的背子多选用罗、锦一类高级织物裁制而成。在颜色上没有严格的贵贱区分，多用红、黄、紫、蓝等色。另外，半臂及背心在宋代妇女当中也常见穿用，不过穿用者多以下层劳动妇女为主。抹胸是宋代女子的内衣，其式样与现代女子所着胸罩有点相似，所不同的是前面的罩围较为宽长，"上可护乳，下可覆肚"，福州宋代黄昇墓中，便曾出土过一件很完整的抹胸（见图48）。

宋代女子在所穿足衣上，像唐代那种很多女子普遍穿靴的情景已经不多见了，只有宫中一些舞女因为舞蹈需要而着靴子，此外就是一些出行的侍女着靴了。宋代女子的足衣主要是各式鞋类，南宋时期尤其如此。南宋时期流行的女鞋有翘头鞋、平头鞋和凤头鞋等，以翘头鞋最为时兴。流行这种鞋可能与当时的缠足之风有很大关系。缠足，是中国封建社会束缚妇女行动自由、摧残妇女身心健康的一种陋习，即在女子幼年时，用一条长布带将正在发育的脚缠紧，慢慢地使之

117

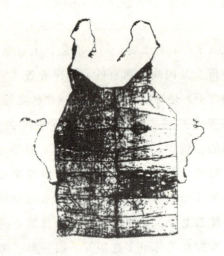

图 48 抹胸

发育变形，变成畸形的尖椎状。缠足一经开始，就要缠绕终生，从而也使痛苦伴随妇女一世。由于缠足妇女的脚形发生了严重的变化，因此翘头尖鞋也就应运而生。翘头鞋一般比较窄长，底子很薄，鞋头上翘。南宋时期在鞋帮上绣有不同图案的花纹，以显示女子的贤慧与灵巧。

缠足这一陋习，并非宋代首创，传说在五代时期就已经开始。据元陶宗仪的《南村辍耕录》记载："道山新闻云：李后主宫嫔窅娘，纤丽善舞，后主作金莲，高六尺，饰以宝物细带缨络，莲中作品色瑞莲，令窅娘以帛绕脚，令纤小，屈上作新月状，素袜舞莲中，由是人皆效之，以纤弓为妙。以此知扎脚自五代以来方为之。"至宋代，不仅宫中妇女流行缠足，一般女子也开始缠足。关于这一点，在近年来的考古发掘中屡有发现，如黄昇墓中女主人的双脚就是用裹脚布裹扎

（其裹脚带为罗质，灰色，长 210 厘米、宽 9 厘米），外穿黄罗面、麻布底的尖头丝鞋，鞋尖上翘，翘头上缀有丝带挽成的蝴蝶结，后根有扎系的鞋带，鞋长为 13.3～14 厘米、宽 4.5～5 厘米，高 4.5～4.8 厘米。除此之外，在其随葬物品当中，还有 5 双相类似的翘头尖角式鞋。另外，在浙江兰溪宋代潘慈明妻高氏墓和浙江衢州宋墓中也都有缠足用的缠足带或尖头鞋发现，表明宋代的缠足陋习已经颇为普遍了（见图 49）。

图 49　宋代弓鞋

　　从整体风格上看，宋代妇女服饰追求秀雅颀长。从其服饰的绝大部分内容上看，除了一些传统礼服还采用宽衣大袖外，其他大部分妇女服装都是以窄身合体为衣着原则。从当时流行的背子、半臂、衫襦、袄裙的形式上都能看出这一风格。不仅如此，在宋代妇女的冠饰上也充分地体现出这一风格。如有一种叫做"重楼子"的冠饰，叠层架起，其形制宛若一座宝塔落在女子头上，更映衬出戴冠者身体的修长，这也从一个侧面表现出了宋代妇女的审美追求（见图 50）。

图 50　重楼子冠

宋代妇女的冠和发式除部分承袭前代以外，又有不少自己的特色。譬如，步摇饰在宋代依旧流行，但在坠饰上更加精致；螺髻、环髻等各式传统髻式仍很盛行，但妇女头髻上的饰物更趋丰富。多样化是宋代妇女装饰的突出特性，它不仅包括一般常用的簪、钗、步摇等饰物，甚至连梳发用的梳篦也被当成了一种时髦的饰品戴饰在头髻上。与此同时，在饰物的质地上也更趋华贵，汇集了各种自然的和人造的珠宝饰物，除了有金、银、铜等材料制成的首饰外，还有各种五光十色的美玉、翡翠、珍珠、玛瑙、琉璃等。这些饰物不仅用料珍奇，而且做工精细，因而极其昂贵。这些高级饰物的不断出现，显然与宋代统治者推崇的

"简约"相悖，朝廷曾经下令，对此加以禁止。据《宋史·舆服志》记载，绍兴五年（1136年），高宗谓辅臣曰："金翠为妇人服饰，不惟靡货实物，而侈靡之习，实关风化，已戒中外，及下令不许入宫门"。然而追求美是人们特别是广大妇女的天性，在珠翠被禁以后，为了达到与珠翠之物效果相当的目的，人们选择用琉璃代替，于是琉璃质的饰物很快风靡京城。宋人的"京城禁珠翠，天下都琉璃"（见《宋史·五行志》）之诗句，便准确地反映了当时的情景。

　　花冠是又一种体现宋代妇女装饰风格的冠饰。花冠是一种名副其实的插有鲜花的冠。这种冠据说也是由于朝廷屡下禁令，严禁以各种奇珍宝物为饰后，妇女们为追求美而创造出的冠饰。初时，花冠多以各类鲜花为饰，由于鲜花保鲜性差，后来便出现用各式绢、丝质假花代鲜花，以达到长久艳丽的目的，故深受广大妇女的喜爱。花冠在花的品种和造型上可以根据不同的爱好自由搭配，当时常用的花类有桃花、杏花、荷花、菊花、梅花等；造型上则有单朵、双朵和多朵。有人还按一年不同的时令节气，选择不同的花卉插制成花冠，取名"一年景"（见图51）。一年景在宋代的花冠当中是最具代表性的冠饰

图51　"一年景"

之一。宋代还有一些颇具特色的冠，如以珠玉装饰起来的珠冠和以白角为饰的白角冠等，都是宋代冠饰中的佼佼者。

　　盖头也是宋代妇女常用的首服之一。它的功能与唐代的帷帽有些类似，但更强调其遮挡性。这很可能与宋代奉行的儒家保守思想有关。北宋时期，司马光主张"女子出门，必拥蔽其面"（《家范》），强调妇女应守"妇道"。至南宋，随着理学之风日炽，朝中官吏明令妇女上街时必须用盖头遮面。朱熹任泉州同安县主簿和漳州知府时，曾下令妇女出门时一定要用花巾兜面。此风以后又发展为出嫁女子必须以盖头遮面，而且一直延续到近代。

七　辽金元服饰

辽、金、元是中国历史上由三个不同的少数民族建立起来的政权。他们都原处北方，属传统的游牧民族，有着相同或相近的民族背景和生活习俗。在与中原汉族的长期接触当中，他们对古老的汉族文化有了一定的了解。南下以后，在他们分别制定的礼仪服饰制度中，既保持了各自民族的特色，同时又广泛地吸收、沿袭了唐宋以来的汉族服饰制度，从而使中国古代服饰制度增添了诸多新的内容，并发生了一些新的变化。

 泾渭分明的辽代服饰制度

公元 10 世纪初，地处北方西辽河一带的契丹族逐渐强盛起来，耶律阿保机征服了其他部落，建立了契丹国，耶律阿保机被尊为辽太祖。太祖时，由于战事频繁，尚未来得及建立服饰制度，朝服就用便于军事征战的甲胄之服。其子耶律德光（辽太宗）继位以后，加紧南侵，扩大疆域。先是乘机灭掉后唐，扶植石敬

瑭建立后晋傀儡政权，取得了幽、蓟、云、朔等十六州；后干脆取而代之，并于次年改契丹国号为"辽"。

辽王朝确立的服饰制度，在历史上非常独特，包括两套服饰制度，即所谓的"南班"、"北班"制。据《辽史·仪卫志》记载，南班为汉服制，承袭五代后晋官服遗制，为皇帝与汉官的官服；北班为契丹服制，突出契丹的传统服饰特色，为太后与契丹官员的官服（实际上皇帝也穿契丹服）。两种服制，不仅在服饰形制上，而且在服用制度上，均风格各异、泾渭分明，这是辽代服饰制度有别于其他各朝的一大特色。

北班服制又称为"国服"，受汉族古代传统服饰制度的影响，也按祭服、朝服、公服、常服等官服系列划分。

（1）祭服。辽国以祭山为最重大的礼祭活动，选用大祀礼。每逢这种礼祭，所穿服饰尤盛。通常皇帝参加这种礼祭时，需头戴金文金冠，身穿白绫袍，腰间系红革带，带下饰有鱼、三山红垂，足穿络缝黑色靴。小祀时，皇帝则戴硬帽，穿红色缂丝龟文袍。皇后戴红色头帕，穿络缝红色袍，悬玉佩、双心同帕，穿络缝黑靴。臣僚、命妇服饰，则按原来本部的旗帜之色穿服。

（2）朝服。皇帝戴实里薛衮冠，穿络缝红袍，垂饰犀玉带，足穿络缝靴，以后太宗又改为穿锦袍、系金带。臣僚朝服则戴毡冠或戴类似乌纱帽的无檐无双耳的纱冠，身穿紫色窄袖袍，腰系鞊鞢带，并分别饰以金玉、水晶、靛石一类的缀饰。对这种服饰，太宗也曾改为锦袍、金带。

（3）公服。辽时又称为"展裹"。皇帝戴紫黑色幅巾，穿紫色窄袖袍，腰系革带，或穿红色袄衣。臣僚也戴幅巾，但穿紫色衣。

（4）常服。辽时又称"盘裹"。皇帝所穿称常服，臣僚所穿则叫便衣。辽代常服通常为绿花窄袖袍，内衬红色或绿色的中单。冬季，富贵者除披紫黑色貂裘衣和青色裘衣外，还喜欢用洁白如雪的银鼠皮为裘衣。贫贱者则一般以品色稍差的貂、羊、鼠、沙狐等皮的裘衣为常装。

南班服制的汉服，也是按祭服、朝服、公服和常服的系列来划分的。

（1）祭服。皇帝所穿的祭用衮冕，饰金冕冠上垂白玉珠十二旒，冠上饰有黈纩充耳和玉簪等。身穿施有十二章纹玄衣、纁裳，其中日、月、星、龙、华虫、火、山、宗彝等八章用于玄衣；藻、粉米、黼、黻等四章用于纁裳。衣裳内衬白纱中单，革带、大带、剑、佩、绶等分别系饰于身上。足穿金饰舄。衮冕是皇帝祭祀宗庙、纳后、元日受朝等活动中穿的礼服。

（2）朝服。皇帝穿朝服时戴通天冠，冠上加金博山，附十二蝉；身着绛色纱袍，内衬白纱中单，白裙襦，绛色蔽膝，项饰方心曲领；足穿靿舄。这种服饰是专门用于冬至、朔日受朝、元会、冬会等礼仪场合的服饰。臣僚二品以上的官员朝服则戴远游冠，冠饰三梁，附加金蝉；身穿绛纱单衣，白纱中单，白裙襦，革带，项饰曲领方心，绛纱蔽膝，配饰剑、佩、绶等饰物；足穿袜舄。每逢陪祭、朝飨、拜表或其他大事时穿用此服。其他品官朝服亦用远游冠，冠饰则依品位高下的不同而有区别，如三品戴三梁冠，饰以珠宝；四、五品戴二梁冠，饰以金；六至九品戴一梁冠，且冠上没有饰物。

（3）公服。皇帝穿公服时戴翼善冠（翼善冠始于唐太宗贞观年间，幞头形制，因冠缨像"善"字而得名），穿黄袍，系九环带，白练裙襦，六合靴。臣僚公服的具体形制则为，一至五品官员戴帻缨冠，簪导，穿绛纱中衣，白裙襦，革带，附饰方心、纷和鞶囊；六品以下官员，则去纷和鞶囊等饰物，其余与五品官员的公服服饰相同。

（4）常服。皇帝穿常服时头扎折上头巾，身着柘黄袍，系九环带，足着六合靴。臣僚五品以上官员穿常服时，则头戴幞头，着紫袍，系金玉带，足穿乌皮六合靴；六品以下官员穿常服时，则头戴幞头，身穿绯衣，系银带，足穿六合靴；八、九品官员穿常服时，则头戴幞头，身穿绿袍，系鍮石带，足穿六合靴 。另外，五品以上文武官员在穿常服时，其佩饰之物也有所区别，文官佩手巾、算袋、刀子、砺石、金鱼袋；武官则佩鞢韛七事。

在辽代的服饰中，巾冠是一种表明身份和地位的重要标志，因此，在辽代，各种巾冠不是任何人都可以随意扎戴的。除上面介绍的皇帝和品官臣僚所戴的各式巾冠之外，其他人若"非勋戚之后及夷离堇副使并承应有职事人"均不得戴巾冠（见《辽史·仪卫志二》），即使在寒冬天气亦是如此。因此，一些下层小吏和平民百姓，只好裸头忍寒了。

辽代契丹族男子，不论贵贱，都按本民族的传统习俗，实行髡（音 kūn）发。所谓髡发，就是将一部分头发剃掉，按一定形式保留下一部分头发作为装饰。一般的髡发发式是将头顶的部分头发剃去，保留头顶四周若干头发；有的将头发大部剃光，只留下前额的一排头发；有的只留两耳周围之发；更少的只在两鬓保留两小缕头发。这是髡发的几种发式，而这些发式所留头发的长短、多少就更是多种多样了（见图52）。

图52　髡发

辽代一般男子的服饰比较简单，都是以袍服为主，服制式样也是上下大体相同。契丹男子多穿圆领、窄袖的左衽式长袍，袍上用疙瘩式纽对扣相结。袍的颜色有灰绿、灰蓝、赭黄、墨绿等较深的颜色。下穿套

127

服饰史话

裤，足穿乌皮高筒靴（见图53）。冬季多以各类皮毛的左衽窄袖皮袄为主要衣装。

辽代妇女服饰，虽受汉服影响很大，但是仍具有很浓厚的民族服饰色彩。其主要的衣装有衫袄、裙裤、袍等制式。其中，衫袄和袍子以直领对襟或斜领左衽为主，裙子长度大多在足面以上，内穿缩口裤。穿用此服时，则足穿黑色皮靴。此外，一些女子还喜欢在衣裙之外悬坠一些玉璧之类的装饰物品。衣衫、袍裙的颜色多用红、紫、绿、浅黄等色

图53　契丹袍服

彩。从近年来发掘出土的文物资料上看，辽代妇女在外出时，习惯于戴各式帽子，如1972年在吉林哲里木盟库伦辽墓发现的女子出行壁画中，就有好几种样式的帽子，其中有翻缘皮毛帽、圆领黑色帽，还有一种分瓣缝合的小圆帽，形式各异，在一定程度上反映出辽代妇女衣着的民族风貌。

 金代服饰

1115年，女真人完颜阿骨打（即金太祖）建立大

金国。金太宗完颜晟灭辽以后，又不断南侵宋朝疆域，
掠去宋朝土地和财物；同时，还强迫金人占领区的汉
族人依照金人习俗削发髡额。在强迫推行女真族习俗
的同时，金代统治者也意识到了利用汉族文化强化统
治的重要作用。金太宗完颜晟继位后，逐步采用汉制，
改革旧俗，初创了包括服饰在内的各项新的典章制度。
熙宗天眷三年（1140 年），参照宋辽的官服制度，比
较全面地制定了各项服饰制度。制度规定，皇帝参加
大祭祀、加尊、受册宝时穿戴衮冕服；逢行幸、斋戒
出宫或御正殿，则戴通天冠，穿绛色纱袍；而常朝则
戴小帽，穿加襕红袍。皇太子衮衣在谒庙时穿用，十
八梁远游冠服则是在册宝时穿用的礼服，而小帽、皂
衫、玉带装是皇太子平时视事、见客时所穿的常服。
臣僚的朝服基本上是依照宋代品官的冠服制度而重新
规定的，如正一品的朝冠为七梁加貂蝉笼巾冠，正二
品则用不加貂蝉笼巾的七梁冠。以下又规定正四品五
梁冠、正五品四梁冠、正六品和正七品三梁冠。世宗
大定年间又制定了公服制度。公服的高下主要用服色
和图案来加以区分，其中袍服图案以大者为贵。在官
服的服色方面，规定，凡文职五品以上官员服用紫色，
六、七品官服用绯色，八、九品官服用绿色。在袍服
图案方面，规定凡三师、三公、亲王、宰相等一品官
服用独科花罗，花径为五寸；执政官服用小独科花罗，
花径不许超过三寸；二、三品官员用散搭花罗，花径
为一寸半；四、五品官用小杂花罗，花径一寸；六、
七品官员用芝麻罗极细小图案；八、九品官所穿官服

则没有图案。此后，在金章宗泰和年间，又对祭服和朝服做过调整。金代官服的几次改制，都是围绕汉族特别是宋代服饰的模式进行更改的，这表现了汉族文化对金代服制的重大影响。

金代女真族的服装比较注意突出北方少数民族风格。袍服是金代男子常穿的一般服装，其特点据《金史·舆服下》记载："其衣色多白，三品以皂，窄袖，盘领（圆领），下为襞积（打褶），而不缺袴。"金人穿袍服时腰间大多系腰带，称腰带为"吐鹘（音gǔ）"，最高级的吐鹘是玉吐鹘，其次是金吐鹘，再次是犀角、象骨一类的吐鹘。靴子原本就是北方少数民族的传统足衣，金代更不例外，女真人外出或骑射都是穿靴子。女真族中富有者秋冬季节多穿以貂鼠、青鼠、狐貉或羊皮制成的裘，贫寒者则多用牛、马、猪、羊、猫、犬、鱼、蛇或獐、鹿等动物的皮制成的衫子为冬装，贫富差别很大。

金代男子的首服也很有特色，巾子是其中之一。金人所戴巾子是用皂罗纱制成的，上结方顶，折垂于后。顶的下面两角各缀以两寸宽的方罗，罗下附有六七寸长的丝带，有身份、有地位的人的首服还常在巾顶缝饰珍珠一类的饰物。毡笠帽也是金代男子常用的首服。金代毡笠帽的帽檐很短，帽顶多用珠或缨羽装饰。此外，金人男子多以髡额辫发为主，所留头发形式与辽代不同，金人往往是剃去沿两耳前部直接向上至头顶部的头发，脑袋后顶及两侧则多蓄长发，编织成辫，垂于肩部。

　　金代妇女服饰也颇有特色。皇后穿礼服时必戴花
珠冠。冠以青罗为表，青绢衬花罗为里，用九龙、四
凤、孔雀和各种珍珠宝物装饰。袆衣沿用宋代皇后所
服传统的大袖袆衣。一般妇女的常服，则多穿衣裙，
上衣称为团衫，其形制有直领对襟和斜领左衽两种，
多用黑紫或黑色织物裁制而成。金代妇女多以襜裙为
下裙，以黑紫色全枝或折枝花图案的织物制成，裙摆
周边打褶。由于金人所处地域多为北方，所以衣裙以
棉质为多。如 1988 年在黑龙江省阿城金代齐国王墓
中出土了一件十分完整的折枝梅花绢质棉襜裙（见
图 54），裙长 100 厘米，分裙腰和下裙两部分，腰部
背后有敞口，为的是穿用方便；下裙则为完整的筒
形，裙周围打褶。与襜裙一同发现的还有交领窄袖酱
色云鹤金绢棉袍一件、直领对襟窄袖花罗单衣一件、
暗花罗腹带一件、宋式尖头绣花鞋一双、深紫色菱纹
罗团花棉套裤一件等等。这件套裤式样十分新奇，
分上下两部分，上部横幅为裤腰，下部为裤腿，裤

图 54　棉裙

脚各钉有驼色绢质回形带一根，颇似现代女子的健美裤。最值得一提的是，这座金代番王墓中出土的所有衣物，质地全都是丝或绢、绫、罗、绸、纱、锦等。这些实物正印证了文献中"富人春夏多以纻丝棉绸为衫裳"（见《大金国志·男女冠服》）记载的真实性。

 元代服制和质孙服、姑姑冠

一代天骄成吉思汗于 1206 年建立蒙古族政权以后，其孙忽必烈承其遗志，率领蒙军，经多年征战，终在 1279 年灭掉了南宋，建立起统一的元帝国。

由于元政权崛起于北方草原，其经济、文化和生活习俗都比中原地区落后许多，其衣冠服饰亦较简朴。元代统治者在强迫汉人接受蒙古族生活习俗的同时，也受到汉族文化的影响和同化。为使元朝统治稳定长久，统治者十分注重借鉴和吸收汉文化的礼制经验，表现在服饰制度上是确立"近取金宋，远法汉唐"（《元史·舆服志》）的原则。元英宗时期，朝廷制定了详尽的元代服饰制度，对天子冕服、太子冠服、百官祭服、公服及庶士服饰等，均做了规定。同时还对具有蒙古族特色的质孙服做了详尽规定。

元代的冕服制度大体上沿袭了宋、金的有关服饰规则，但与宋、金服制比较，也有不少明显不同之处。如元代衣裳的章纹大大多于以往任何一个朝代，最多时达四十八章之多；皇帝穿朝服时戴通天冠，穿绛纱袍；臣僚亦沿用宋金时用的梁冠，同样以梁多且加貂蝉笼巾者为贵。公服为大袖圆领袍，所用首服为展脚幞头。公服的不同色彩及花纹，是区分官员职务高下的标志。

元代，在汉族一些传统服饰得到有限恢复的同时，具有强烈蒙古族特色的服饰，则因受汉族服饰的影响，发生了重大的变化，其奢华程度超过了前代。表现得最为典型的，便是质孙服。"质孙"为蒙语，汉语的意思是"一色"，所以质孙服又称"一色衣"。它是蒙古族人传统的服饰之一，其形制为整衣上下连属，上衣紧护，窄袖，有斜领和方领，右衽；下裳为裙式，腰间有很多细疏不同的襞积，裙长过膝。质孙服整体形制十分合体，尤其便于骑射，所以这种服装起初是作为戎服出现的。世祖忽必烈入主中原以后，将这种体现蒙古族风格的衣装列为元朝官员的礼服，上至皇帝，下至百官、卫士，甚至乐工都可以穿用，品级高下、尊卑之间的界限表现在衣料的质地、施用颜色等方面。皇帝质孙服分冬夏两类，共列二十六等，即冬十一等，夏十五等。各等的质料、颜色及冠饰都有所不同。如皇帝冬服中，当穿纳石失（一种丝线中加金的锦，又称"金锦"）、剪茸（用兽毛或蚕丝织成的起绒丝织物）时，要戴纳石失暖帽；穿大红、桃红、紫、蓝、绿色宝星（宝星，袍服下加襕）时，则戴七宝重顶冠；穿红、黄、粉皮时，则戴红金答子（答子，即帔红金答子，是暖帽上加的红金色帔饰）暖帽；穿白粉皮时，则戴白金答子暖帽。夏服亦是如此。皇帝以下百官和其他

133

官员的质孙服，也同样按冬夏分季，所用衣料、颜色亦按品级高下的不同而各有所适（见图55）。

图55　质孙服

元代蒙古族贵族和一般官员在闲居或出行时，也喜欢穿长袍。袍子斜领或方领、窄袖、右衽者居多，穿用时腰间大多系革带。也有一种不用系腰带的长袍，与一般袍子相差不多，只是腰间打有细密的褶，又有红、紫帛丝捻成的线横饰在腰间，十分合体，也极便于骑射，时人称之为"辫线袄"或"腰线袄"。除此之外，元代还流行一种无领、无袖，形制略似宋代半臂的比肩和比甲。比肩为皮质，大多穿在袍服之外。

元代蒙古族男子的发型、发式也颇具特色，上至皇帝百官，下至平民百姓，都习惯留一种叫做"婆焦"的发型，其模样颇像汉族小儿的三搭头。蒙古族男子所戴的各式冠帽也很独特。除了已经提到过的七宝重顶冠和各种质地的暖帽外，就是笠帽（也就是质孙服夏服之帽），又称为"瓦楞帽"，四楞的瓦帽叫四楞瓦楞帽，这种帽子在元代十分流行。帝王、官员与庶民的帽子，在质料和装饰物上有着明显的区别。帝王、官员的冠帽多以各种宝物装饰，极其奢华；一般小吏的帽子，在质料上要相对粗糙和素朴得多；平民百姓的帽子则更为简单（见图56）。

图56　戴瓦楞帽的男子

在元代蒙古族妇女的服饰中，姑姑冠是最具民族特色的首服。"姑姑"是蒙语冠的译音，在以往的文献中有许多种音似字异的冠名，如"顾姑冠"、"固姑冠"、"罟罟（音 gǔ）冠"等，是元朝蒙古贵族或官僚家室的冠饰。其形制非常特别，两头粗，中间细，好像现代健身用的哑铃。冠体一般先是用铁丝或桦木条制成框架，然后用一定颜色的皮、纸、绒、绢等物装裱起来，再在冠上加饰金箔、珠花一类的饰物。冠高一般在二三尺，有的戴冠者为了使自己的冠与众不同，又在冠顶上加饰杨柳枝或银枝，从而使冠进一步增高，据说最高的达四五尺（见图57）。

图 57　姑姑冠

元代妇女的服饰，也是由两种不同风格的服饰构成。一种是汉族风格的妇女服饰，它基本沿袭了宋代妇女服饰的传统，以衫襦、背子、裙裤为主，南方妇女的服饰多是如此；另一种则是蒙古族妇女的衣着，称鞑靼袍。它以长袍为主，左、右衽都有，大多比较宽博。据陶宗仪《南村辍耕录》一书记载："国妇人礼服，鞑靼称袍，汉人曰'团衫'，南人曰'大衣'，无贵贱皆如之。"（见图58）另外，云肩也是元代妇女流行的服饰之一。它始于金代，服用时，将其披在肩上，既保暖，又有一定装饰作用，故深受妇女的喜爱。

图58 鞑靼袍

八　明代服饰

　　元朝末年，由于民族矛盾和阶级矛盾的激化，烽烟四起。元顺帝至正十一年（1351 年）爆发的农民大起义，从根本上瓦解了元朝的统治。朱元璋于 1368 年建立了明朝政权，定都应天（今南京），开始了明王朝长达 277 年的统治。

　　中国封建社会服饰制度发展到明代，可以说是非常完备了。在统治者的重视与倡导下，各种服饰制度不仅详尽规范，在服用上更是细密周到，对维护封建统治起了一定作用。然而，随着社会商品经济的发展和繁荣，新兴的各种手工业大量涌现，工商和市民阶层的队伍迅速壮大，以及资本主义萌芽的产生，民间的服饰风格也出现了许多带有新兴市民色彩和特点的新变化。

 朱元璋与明代服饰制度

　　明太祖朱元璋出身贫苦，不谙经史，但他天资机敏睿智，为人熟谋多虑。他取得政权以后，采取了一系列强化皇室集权的措施，如废除了有一千多年历史的丞相制度和七百多年历史的三省（中书、门下、尚书）制度，使权力集中于皇帝一人手中，从而使明王朝的皇权得到了巩固和加强。

另一方面，他也清楚地认识到，可以马上定天下，却不能马上治理天下，只有借助典章和礼仪制度，才能稳定政局，治国安民。于是，他在大杀功臣的同时，又以礼贤下士的姿态广招贤才，为的是迅速为其制定出一系列行之有效的礼仪制度，以加强并维护他的统治。尽管当时王朝建立伊始，百业待兴，但他还是对礼仪制度的制定投入了相当大的精力。服饰制度的制定便是其中重要的一环。在执政的 31 年中，他先后对服饰制度进行了十几次的定制、修订和增补，平均每两年左右就要对服饰制度进行一次修订，反映出朱元璋对服饰制度的高度重视。

明代的服饰制度，至洪武末年已经基本上按照祖制恢复和确定下来了。此后，虽然在永乐、景泰、嘉靖等年间也做过一些调整更动，但只不过是在图案、服色上做些小的修订而已。

明代服饰最为突出的特色体现在以下三方面：第一，排斥胡服，恢复传统。自宋代以后，中国封建社会的统治权掌握在少数民族手里近一个世纪，包括服饰在内的社会的方方面面，都受胡俗影响很深。朱元璋取得政权以后，对此深感不安，他认为这是对传统祖制的"污染"，必须要回到传统礼仪的规范中去。因此，在他即位后不久，就下诏禁止胡服、胡语、胡姓等胡人习俗继续流行。之后，开始按照汉族传统习俗和礼制，"上采周汉，下用唐宋"祖制，制订了明代的服饰制度，以"洗污染之习"（《明太祖实录》卷80）。第二，突出皇权，扩大皇威。在整个封建社会中，每个朝代的君臣在服饰上都有一定的区别和界限，相比之下，明代服饰的区别最为严格。如在冕服制度上，洪武元年，学士陶安奏请太祖按古代传统设立五冕之制。太祖认为，五冕之制礼仪过于繁琐，决定只在祭天地、宗庙等仪式时穿衮冕，其他四冕一概不用。而且规定，衮冕之服除了皇帝、皇太子、亲王、郡王以外，其他公侯、朝廷品官都不得再服冕服。至此，延续了两千多年的君臣可以共用冕服的制度发生了变化，冕服成了皇帝和郡王以上皇族的专用服装。另外，唐宋以来，只有皇帝及太子、亲王、郡王等高等皇族成员，才有资格穿用翼善冠服和皮弁服，明代，这类服装仍旧作为帝王以及上述贵族成员的专服。第三，以儒家思想为基准，进一步强化品官服饰之间的等序界限。在官服当中，充分挖掘各代官员等序在服饰上的标志，加以利用。明代官服中，统治者充分利用和调动诸如服、冠、袍、饰的冠梁、色彩、图案等手段，自上而下，至繁至细、至详至晰地加以规定，从而最大限度地表现品官之间的差异，达到使人见服而能知官、识饰而能知品的效果。

上述举措不仅使明代服饰制度得以确立与完备，而且对强化皇权和封建专制，起到了巨大的作用。

补服与官阶

补服在明代品官的官服中最具特色。所谓补服，就是在已恢复使用的唐宋圆领袍的胸背部位，各附缀上一块方形补丁。因为这块补丁是在缝制成衣之后再补缀上的，所以称之为"补子"。补子上面绣有各色禽兽图案，以分别标出他们的官阶等级。文官和武官在图纹上有区别：文官须具斯文雅致之品质，故选用美禽作图纹；武官须显示彪悍勇猛之锐气，故选用猛兽作图纹。明代除皇帝、太子、亲王、郡王以外，公侯、驸马、伯等人员地位最高，因此，这类人员的补服所用补子图案为麒麟、白泽（传说中的一种神兽）等异兽。在此之下，按文武官员的品级分列，施用不同的图案：

文官　　　　　　　　　武官

一品　仙鹤　　　　　　一、二品　狮子

二品　锦鸡　　　　　　三、四品　虎、豹

三品　孔雀　　　　　　五品　熊罴

四品　云雁　　　　　　六、七品　彪

五品　白鹇（音 xián）　八品　犀牛

六品　鹭鸶　　　　　　九品　海马

七品　鸂鶒（音 xīchǐ）

八品　黄鹂

九品　鹌鹑

其他杂职用练鹊（喜鹊），风宪官（执法官和御史）用獬豸或鹰作补子（见图59）。

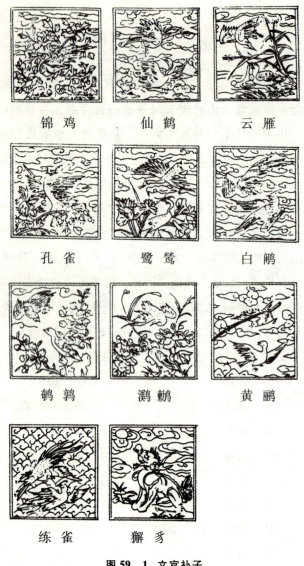

锦鸡　　仙鹤　　云雁

孔雀　　鹭鸶　　白鹇

鹌鹑　　鸂鶒　　黄鹂

练雀　　獬豸

图 59　1. 文官补子

　　补服是明代官服中的常服，穿补服时通常要配以
乌纱帽和革带。明代的乌纱帽的形制与晋唐时大有区

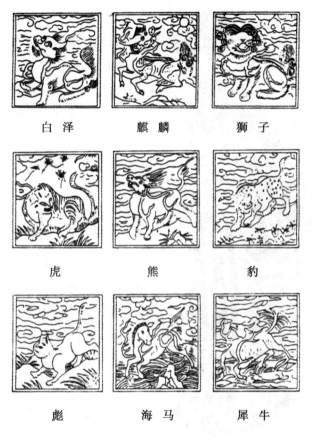

白泽　　　麒麟　　　狮子

虎　　　熊　　　豹

彪　　　海马　　　犀牛

图59　2. 公侯、驸马、武官补子

别。其帽形似幞头，幞脚宽展。在制作上，整个帽的轮廓也是先用藤竹、丝条编好框架，再缠饰黑皱纱，之后用漆涂抹，使之牢固。明代官员所束的革带是有等级标志的。据《明史·舆服志三》记载，品官革带，"一品玉，二品花犀，三品金钑花，四品素金，五品银钑花，六品、七品素银，八品、九品乌角"（见图60）。

明代文武官员的官服制度，也是按照唐宋时期的传统，分别有朝服、祭服、公服和常服等不同系列。

品官穿朝服时一律戴梁冠。明代群臣的梁冠，按照尊卑等级所分的层次更为细致。按照洪武二十六年（1393年）的服饰规定，官员的梁冠分九个等级，依次为：公用八梁冠，附加貂蝉笼巾；侯、伯用七梁冠，附加貂蝉笼巾；一品用七梁冠（品官都不加貂蝉笼巾）；二品用六梁冠；三品用五梁冠；四品用四梁冠；五品用三梁冠；六品、七品用二梁冠；八品、九品用一梁冠。所服衣裳，上衣穿赤罗衣，内衬白纱中单，有青色领

图 60　戴乌纱帽、着补服的官吏

缘；下裳穿有青色缘的赤罗裳，所围蔽膝也是赤色罗；大带是用红、白二色绢制成，并且腰间还系有革带、佩绶；足穿白袜黑履。凡逢大祀、正旦、冬至及颁诏、开读、进表等场合，官员必须穿这些衣饰，以示肃正。

在祭服方面，明代百官禁用冕服，即使是参加祀

郊庙和社稷的重大礼仪活动也是如此。参加这些活动所穿服饰，冠、带、佩绶与朝服相同，衣裳据洪武二十六年的规定，官员祭服从一品到九品之间区别不大，都穿青罗衣，衬白纱中单，皂缘赤罗裳，赤罗蔽膝，方心曲领。

明代官员的公服也用袍服，其制式为盘领右衽，两袖比较宽肥，一般有三尺左右。袍子的质料有所不同，有纻丝、纱绢，也有罗质。公服分别用颜色和图案区分官员的高下等级。洪武二十六年规定文、武官公服用色：一品至四品用绯色，五品至七品用青色，八品、九品用绿色。公服的花样规定：一品饰大独科花，直径为五寸；二品饰小独科花，直径为三寸；三品饰无枝叶的散答花，直径为二寸；四品、五品饰小杂花，直径为一寸五分；六品、七品也饰用小杂花，直径为一寸；八品以下只能穿无花纹装饰的绿色袍。公服所选用的首服为展角幞头，展角长度为一尺二寸。足衣为皂色靴子。革带也有区别，一品用花或玉素带，二品用犀带，三品、四品用金荔枝带，五品以下则用乌角带。凡逢早晚上朝奏事及侍班、谢恩、见辞等公事时，官员必须穿公服。另外，在外地执行公务的文武官员日常办公时，也须穿公服。

除此之外，明代还曾实行过一种与补服近似的赐服。赐服分为两种。一种是循宋代的旧法，即其官位未达到某一品级而得到皇帝的恩赐可以穿用这一品级的服饰。如文官二品，应服锦鸡补子，经赐准可服麒麟补子。另外一种则是另设图补，主要有蟒衣、飞鱼和斗牛三种图纹。蟒也称为四爪龙（龙为五爪）；飞鱼类似蟒，为蟒头而鱼身；斗牛是一种身似龙，鳞爪俱全，头上长有两只向下弯曲的角的兽。以上三种图纹的补服品位仅次于帝王、太子的龙袍。明代朝廷设置这两种赐服的本意，是要加赏有功之臣或是安抚一些久未提升的官员。开始执行赐服制度，在尺度的掌握上还比较严格，到明代中期以后，统治集团内部矛盾重重，纲纪松弛，执行公服和赐服制度也就不那么严格了。不少有权势的官吏，特别是一些纨绔子弟，越级穿戴已是常事。虽然朝廷曾多次下诏禁止，但收效甚微。特别是明景帝时，朝廷为解决财政困难而公开论价卖爵，给过去等级森严的服饰制度带来了巨大冲击，致使原有的服饰规定形同虚设。至万历时，素以规范严格著称的明代官服制度已基本上崩溃废弛了。

"四方平定"巾与
"六合一统"帽

明代的服饰制度，既有传统礼仪制度中的各种正统规范，又包含源自民间的文化因素，所以明代的服饰较为贴近生活、贴近社会。明代确定下来的一些巾帽名称和制式便有此特色，如"四方平定巾"、"六合一统帽"及网巾（"一统山河巾"）等，既有政治意义，又包含世俗之气。

"四方平定巾"是明代职官、儒生常戴的一种便帽，用黑色纱罗制成。戴用时巾呈四角方形，所以又叫"方巾"或"四角方巾"，不用时还可以随意折叠。据说这种巾帽最早是一个叫杨维桢的儒士戴用的，为取悦皇帝，起名"四方平定巾"。明太祖闻知后，果然十分高兴，于是传诏颁行于天下，规定四方平定巾为儒士、生员等读书人的专用巾饰（见图61）。

"六合一统帽"又名"瓜拉帽"、"圆帽"，也就是后世人们俗称的"瓜皮帽"。世传此帽也始于明太祖时期。"六合"指天、地、四方。六合一统有天地、四

图 61　戴四方平定巾老者

方统由（皇帝）一人统辖之意。这种帽子多以罗、纱、缎等丝织物制成，其形制是将裁好的六块材料逐一缝合，下部另制一道一寸左右的帽檐。起初此帽多为执事、杂役等人所戴，以后由于方便实用，士庶人等纷纷戴用。至清代、民国，乃至新中国成立后仍旧有人戴此帽（见图62）。

网巾是一种以棕丝或丝帛线编制而成的网罩，它原本为道士的首服。据郎瑛《七修类稿》记载："太祖

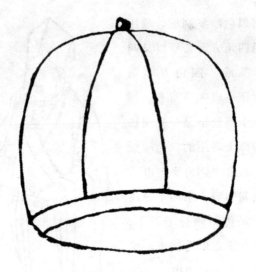

图 62　六合一统帽

一日微行，至神乐观，有道士灯下结网巾。问曰：'此
何物也？'对曰：'网巾，用以裹头，则万发俱齐。'明
日有旨，召道士为道官，取巾十三顶颁于天下，使人
无贵贱皆裹之也。"这种形似渔网的网巾，网底多以布
帛为边，两边口各缀有一金属圈，用适当粗细的丝绳
贯于当中。用时将网口扩大，罩于头上，使头发全部
归于网内，再拉紧丝绳，起到束发作用。另外，在网
巾的上端还有一小孔。此孔是供发鬂穿过之用，用法
如同网巾底口的形式。据说当时也有人为迎合统治者
心理，称此巾为"尽收鬂（中）发（华）"。又有人根
据收网引申为"一统天下"、"一统山河"等等寓意。
虽说当时皇帝曾诏命不分贵贱均可戴用网巾，但实际
上官僚、士人与普通劳动者在网巾的使用方式上还是
有所不同的。前者戴网巾时，将头发束住后再戴巾帽；

而后者为劳作方便，大多直接将网巾戴在头上，明代宋应星《天工开物》一书和其他明代文献中都有戴网巾劳作的人物形象（见图63）。

图 63　戴网巾的男子

除了以上几种巾帽之外，明代民间流行的巾帽，似乎比以往任何朝代都多。其中，有儒士仿效古制，用漆藤丝和乌纱制成的前高后低状的"儒巾"；有传说为"纯阳祖师"吕洞宾成仙前戴用而得名的"纯阳巾"；有专供庶人阶层戴用的制式上宽下窄、形如"万"字的"万字巾"；有传说为三国时诸葛亮经常戴用的"诸葛巾"；有仿唐代幞头形制的"唐巾"；有仿宋人的"笠帽"，专供士人戴用的"凌云巾"，供皂隶

149

公人用的"皂隶巾",以及不限定使用对象的汉巾、晋巾、吏巾、番子巾、棕帽、乐天巾等等,总数不下二三十种。

明代一般男子的服装以袍衫或短褐为主,衣袖宽肥,有圆领,也有直领和斜领。穿服上也有明确的等级规定。举人、监生、贡生等都穿襕袍,用玉色布绢制成,袖子比较宽博,袖口有黑色缘饰;衙门中的差役、皂隶等,一般穿用棉布制成的青色布衣,衣的腰下部打有许多密褶,腰间还束有红布织的腰带。对庶人的衣装,明政府规定得更为具体,如洪武二十三年(1388年)规定,庶人衣袍长度要"去地五寸,袖长过手六寸,袖桩广一尺,袖口五寸"(《明史·舆服志三》)。但农夫和渔民等生产劳动者的衣裳,多少年来变化却不大,仍旧以斜领右衽的短褐或短式布衫为主,下身穿裤。裤子一般比较短,而裤脚不很窄瘦,这大概与明代整体的服饰制度有关系(见图64)。

明代男子的足衣有靴、履和鞋等种类。明代的靴子一般是先用皂革制成靴后,再内衬布里。靴子不是什么人都可以随意穿的,洪武年间规定:除朝廷百官穿靴之外,另外还允许朝官的主要亲属如父兄、叔伯、子弟及女婿等穿用。而普通百姓、商贾、技艺之流及步军是决不允许穿靴的。朝官除穿靴外,还常穿履,特别是在大祀、正旦、冬至、颁诏等重要的礼仪场合,必须穿履。朝官常穿的履是一种饰有云头的"云头履",又叫"朝鞋"。举人、监生、儒士等则穿锦绮镶边的履。明代人穿用最多的是一种叫"皮扎翁"的长

图 64　明代农夫

简式履。这种履没有严格的穿着禁忌，所以不论是达官贵人，还是平民百姓，都可以穿。

 妇女服饰

明代妇女的服装，主要有衫、袄、霞帔、背子、比甲及裙子、袍子等。明代妇女服饰形制是参照宋代妇女服饰而制定的。其中，贵族妇女服饰分礼服和常服两种。洪武三年（1370 年）规定，皇后服礼服时，穿袆衣，袆衣为斜领、右衽式衫，深青色，上绘五色十二等翟纹；内衬素纱单衣，蔽膝与袆衣色同，也绘有三种翟纹；腰饰为大带；足着青袜和饰金的舄。皇妃的礼服则次于皇后一等，具体形制为翟衣，青色翟纹只有二等，足穿青色袜和舄。皇后和皇妃的礼服，凡逢受册、谒庙、朝会等礼仪场合才穿着。皇后和皇妃的常服在形式上差不多，都穿真红大袖衣，霞帔，下穿长裙，外套红背子；但常服上所施图纹则有严格的规定，如皇后常服一般用织金的龙凤纹，而皇妃则用织金或绣凤纹，绝对不能用龙凤纹。

霞帔是明代贵族妇女服饰中的重要衣饰之一。它实际上是一条不宽的长带子，上面绣有纹饰图案。使用时，将它披绕肩背，经前胸直接垂于衣衫的底缘，为使霞帔固定，帔端各坠有一枚坠子。传说霞帔始于晋代，宋代将霞帔作为贵族妇女的常服使用，明代将霞帔的使用范围和制度又做了调整。除皇后、皇妃在常服中使用外，又将它列入命妇的礼服之中。洪武五年规定，命妇的衣装和等次为：一品、二品穿真红色大袖衫，霞帔、背子都用深青色，质料可选择纻丝、绫、罗、纱，霞帔上施有蹙金绣云霞翟纹，坠子用金钑（音 sà）花。背子上也绣有云霞翟纹。三品、四品衣衫与一、二品相同，但霞帔图案是蹙金云霞孔雀纹，坠子制式也同于一、二品，背子上绣云霞孔雀纹。五品衣衫与一、二品相同，霞帔和背子上所用图纹均为云霞鸳鸯纹，坠子为镀金银质，上面有钑花。六品、七品穿大袖衫子，质料可任选绫、罗、绸、绢当中的一种。霞帔和背子上的图案为云霞练鹊纹，用银质钑花作坠饰。八品、九品衣衫同六、七品，霞帔绣缠枝花，坠子为银质钑花，背子图案为绣摘枝团花。命妇所穿用的常服不使用霞帔。同时明朝廷还规定，命妇的常服依次为：一、二品穿长袄长裙，质料则是各色纻丝、绫、罗、纱随意择用；长袄缘襈或紫或绿，上面施有蹙金绣云霞翟纹；着带可选择红、绿或紫色中的一种；长裙上有横竖金绣缠枝花纹。三、四品穿的长袄有缘襈；着带颜色或紫或绿，并绣有云霞孔雀纹；长裙有横竖襕，并绣云霞鸳鸯纹或绣有缠枝花纹。六、七品所穿用长袄和长裙同五品；着带或紫或绿，上绣云霞练鹊纹。八、九品常服同六、七品。

　　至于民间普通妇女的礼服，按明朝廷的规定，是十分简单的，一般以袍衫和裙为主，但其颜色却有十分严格的限制。如洪武五年规定，只许用紫绸（音shī，一种质地较粗的丝质衣）和紫、绿、桃红及诸浅淡颜色，而禁止使用大红、鸦青及黄色等高贵颜色。

　　背子在明代更为盛行，它不仅可以作为皇帝、后妃的常服，也可以用于命妇的礼服，而且在民间非常流行。民间流行的背子在质料和颜色上远不如贵族妇女的华丽，也不允许在背子上施以任何图案，甚至连背子的袖子也不允许比贵族妇女的宽博。另外，对于民间一些从事特殊行业的妇女，在穿着背子方面还有更为严格的规定。如洪武年间规定，乐伎女子所穿背子不许与民间一般女子相同，只许穿黑色背子。地位更卑贱的教坊司妇女，则干脆就不许穿背子。

图 65　穿比甲的女子

明代妇女服饰中，还有一种与背子作用差不多的外套——比甲，在当时也颇为盛行。这种发明于元代的衣饰，原本男女可以通服，至明代后，则成了妇女的专用服饰。其形制为盘领和交领，无袖或只有很短的袖，衣襟一般用扣纽相连。比甲的长短不一，一般以至臀下或至膝下的最为多见（见图65）。

裙子是明代妇女的主要下裳。明初女子所穿的裙子颜色比较淡，质料也比较一般，宫中和命妇裙料也无非用纻丝、绫、罗、纱等一般织物而已。这与明代初期的纲纪严明大有关系，另外也与明太祖皇后马氏倡导简朴并身体力行有关。马皇后虽出身于富贵人家，但由于幼年家遭劫难，父逃母逝，作为孤女的她只得依附养父母长大。后嫁给朱元璋，跟随他南征北战，为治国平天下做了许多有益的事情。作为皇后，她亲管内宫，在生活中，她处处带头节俭。为使久居宫中过着衣来伸手生活的妃子、公主知道农桑生产的艰辛，她经常组织大家一起织帛制衣。这都对明初服饰的简朴化起了积极作用。在马皇后的带动和管理下，明初宫中妇女的衣饰比较简朴，民间更不敢奢华。但到明代中期，随着朝政的腐败，国家的法度也日渐无力，加之商品经济的影响和部分地区奢侈之风的侵染，包括妇女衣裙在内的服饰制度受到了猛烈的冲击，裙衫之装的式样、质地都发生了很大变化。另一方面，宫中妇女竞相攀比，也使奢侈之风日盛。

明代中后期，在民间，尤其是东南沿海城市，一些富家女子，无论是官宦的千金，还是富贾巨商的佳丽，她们的衣裙早已不用纡丝之类的质料了，而是用比较上乘的罗、缎等织物制成。更有甚者，已敢于穿用皇室才能服用的金彩饰裙。据顾炎武《日知录》引《太康县志》记载："弘治年间，妇女衣衫仅掩裙腰。富者用罗缎纱绢，织金彩通袖，裙用金彩膝襕。"可见明代森严的服饰等级制度在这时已形同虚设了。正德年间，富家妇女的衣裙不仅竞相奢华，而且衣裙样式也有了新的变化，衣衫日渐加大，裙褶渐密。至嘉靖年间，裙褶虽然少了一些，可衣衫则宽到了顶点，有的衫长至膝下，距地只有五寸，袖宽竟达到四尺多，这与明初妇女一直崇尚的窄瘦之风形成了鲜明的反差。这种巨宽的衣衫流行时间不长，到了万历年间又开始变窄。裙子也有所变化，裙式崇尚梅花条裙，同时又特别流行画裙。明末，民间的富家妇女中还流行过一种打有细褶的"幅裙"。裙幅一般有六幅或八幅，穿起行走时，宛如行云流水，很有特色，在崇祯年间尤为盛行。这一时期，在南方的一些地区，一般劳动妇女为下田劳作方便，还穿一种极朴素的短裙，名叫"水田衣"。

明制，妇女可以穿用袍服，但这时妇女着袍已经不像唐代那样是一种社会时尚了。随着服饰文化的不断发展，服饰种类和式样也大量增加，服装渐渐改变了古代流传下来的那种不十分注意男女衣装区别的模式，朝着男女服装各自专用的模式发展，从而体现出人类通过服饰来表现男女不同个性的心态。特别是宋代以后，服装受理学思想的渗透和影响，男女有别的观念日益强化，到明代已经非常强烈了。明代中上层贵族妇女的礼服和常服中，已经没有了袍服。袍服只是在一般平民妇女的衣装当中还可以见到，不过穿用者已很少了。但这并不能说明袍服在明代妇女的服装当中已经绝迹，明代宫廷中歌乐舞女的服装，就特别规定要穿袍服，洪武三年对宫中女乐服装规定："凡宫中……提调女乐，黑漆唐巾，大红罗销金花圆领（袍），镀金花带，皂靴。"（《明史·舆服志三》）这种规定，很有可能也是统治者的某种政治心态的反映。太祖朱元璋在取得政权以后，时刻想着如何使自己的江山永固，梦想着明代也能像唐代盛世那样歌舞升平，四方安定，所以他规定宫中舞工乐女的衣装都要仿效唐代的模式。

由于缠足之风在明代依旧流行，所以妇女的鞋子也就以"弓鞋"为多。明代的弓鞋比宋代的要精细些，既有布底的，也有以樟木为底的。明代弓鞋尖不上翘，有高腰的，也有矮腰的。不久前在江西出土的明代益宣王朱翊鈏妃孙氏墓中的一双弓鞋，无论造型工艺，还是所用材料，都是上乘的。鞋为高底式，所谓高底，实际上也就只有2.5厘米，并不是现代女子的高跟式；鞋长13.5厘米，宽4.8厘米；鞋面用黄色回纹锦制成，还有用各色丝线织绣的图案。这说明当时王妃也是缠足的。至于民间妇女，缠足、穿弓鞋就更常见了。另外，明代妇女还常穿一种叫"凤头鞋"的绣鞋。这种鞋的鞋面上有时还加缀一些珠宝类的饰物，是富有人家女子常穿的鞋子。

在明代妇女的所有冠饰当中，凤冠当属最华贵的。凤冠是指冠上饰有金凤的花冠。据说凤冠远在汉代就已经出现了，不过比较完善的凤冠还是出现在宋代。宋代服制规定，后妃在受册、朝谒等一些重大礼仪场合时，才可以戴凤冠。南宋以后，宫中贵妇人又在凤冠上加上了龙饰。明代则大体承袭了宋代的龙饰凤冠及其服用之制，所以其确切的名称不应叫"凤冠"，而应叫"龙凤冠"。明代承袭宋代龙凤冠旧制，又对龙凤冠做了改动，使其最大限度地突出皇权、皇威。服制规定，只有皇后可以戴这种龙凤冠，妃嫔只能戴去掉龙的凤冠，而命妇所戴的"凤冠"则连凤也不许装饰。所谓"凤冠"实际上是人们对明代龙凤花冠的一种统称。明洪武三年规定，皇后的礼服冠饰为"其冠圆匡，冒以翡翠，上饰九龙四凤，大花十二树，小花数如之；两博鬓，十二钿"（《明史·舆服志二》）。同年，又对皇妃、嫔的礼服冠做了规定：礼服冠上饰九翚（音huī）、四凤，用花钗九树，小花也是九树，两博鬓饰九钿。命妇的礼冠，除了不许用龙凤饰以外，其他饰物的种类甚至比凤冠还复杂。

除了以上这些显示身份、地位的龙凤花冠以外，明代民间妇女的头饰中，额帕是比较流行的一种。额帕的形制非常简单，是一条二至三寸宽窄、长约为个人头围两倍多的丝巾，一般用乌绫纱制作。随气候冷暖的变化，所用的材料也不相同，如夏天气候炎热时，多选用质薄、透气性好一点的乌纱；冬天寒冷，帕带则多用稍厚一些的乌绫制作。使用时将头额和一些头发包围起来，因此又有称之为"包头"的。由于这种包头式的头饰既简单又美观实用，所以深受明代不同年龄、不同层次的妇女喜爱。以后在包头的基础上，又出现了珠箍。这种装饰在富家女子中比较常见。为增加特殊的美感，有人还在额帕带上装饰一些金银或珠翠一类的宝物。到了冬天，又用各种名贵兽皮做成箍，并以所用皮毛的种类命名，如"貂覆"、"卧兔儿"等等。

明代妇女的发式种类繁多。传统的假髻在宫中和一些贵族妇女当中使用极为普遍，比较常见的假髻有"丫髻"、"云髻"、"高髻"，明代对这些假髻统称为"鬏髻"。唐宋时期流行过的各式螺髻这时依然盛行，主要有单螺髻和双螺髻，双螺髻在当时又称为"把子"。此外，堕马髻这种传统髻式，经过一些小的改动后依旧流行于明代妇女当中。据传，明末吴三桂的小妾、苏州名妓陈圆圆，就常梳堕马髻，以示古雅。

九　清代服饰

　　由满族贵族统治的大清帝国，是中国古代历史上
最后一个封建王朝，也是封建的、统一的多民族国家
最后确立的时期。与以往少数民族统治者入主中原的
举措不同，清代统治者更加重视确立新的服饰制度。
他们在吸收汉族传统服饰制度长处的同时，更注意居
于统治地位的本民族服饰特色的保存。为加强对民众
的威慑与征服，清代统治者一开始就用残暴的政治手
段强令汉人按照满俗"剃发易服"，致使延续了两千
多年的汉人服饰传统，发生了急剧而重大的变化。清
代满族服饰的推行，虽然带有一定的民族歧视与强制
性质，但在客观上为中国古代服饰的多样化增添了新
的内容，为古代服饰的繁荣、发展和演进，注入了新
的活力。这一切更直接影响和作用于近现代服饰的发
展。

 严厉的剃发易服法令

　　满族为金代女真族后裔，入关前已经有了本民族

的文字，在包括服饰在内的生活习俗上，一直保持着本民族的风格与传统。夺取全国政权以后，统治者为彻底消除朱明王朝的统治阴影，树立大清满族政权的威势，于顺治元年（1644年）下令归顺清廷的臣民中的男子都要剃发（即髡去前额之发而蓄留余发，再梳成一条辫子），"以别顺逆"。后来由于天下尚未完全安定，满族统治者还立足未稳，怕引起广大人民的强烈不满，所以没有立即强制推行剃发之令。次年，即1645年，南方各省基本置于清政府的统治之下，天下初步安定。清廷认为执行剃发令的时机已经成熟，于是向全国颁布了《严行剃发谕》。谕令中说："向来剃发之令不急，姑听自便者，欲俟天下大定，始行此事……自今布告之后，京城限旬日，直隶各省地方自部文到日亦限旬日，尽行剃发。"若谁人还有"仍存明制，不随本朝之制度者，杀无赦"。"剃头令"向全国发布之后，顿时激起汉族人民的强烈反抗，有人因反抗被杀。这就是清初统治者强制推行的"留头不留发，留发不留头"的血腥政策。

与剃头政策目的一样的"易服"法令，在推广执行当中同样残酷无情。统治者不仅动用武力强制执行，而且还布告天下国人必须严守，若有违禁者立即杀头。即使在自己家中，若穿了明式汉装，被人发现也是必死无疑。不仅一般平民百姓如此，就连当时一些官僚，若稍有议论，也会同样遭此下场。如顺治年间的大学士陈名夏曾针对这种强制举措所导致的民族矛盾加剧的局面，而对他人议论说：只要保留头发（不髡发），恢复汉人衣冠，天下即可马上太平。谁知，非但须发衣制没有任何改变，他自己却因此招致杀身之祸。类似的死于清廷屠刀之下的汉人，在当时确实不在少数。统治者在推行其剃发易服政策的同时，也意识到了民族之间的矛盾对立。为了使刚刚建立不久的大清政权免于不利地位，缓和民族矛盾，清朝统治者在具体执行中，被迫做出某些让步，如接受明代遗臣金之俊的"十不从"建议。所谓"十不从"，就是对那些与统治政策的推行不直接抵触的风俗衣装适当放松，可以按照明代习俗形式，沿其旧制。"十不从"的具体内容是："男从女不从，生从死不从，阳从阴不从，官从隶不从，老从少不从，儒从而释道不从，倡从而优伶不从，仕宦从而婚姻不从，国号从而官号不从，役税从而语言文字不从。"至此，清代统治者推行的剃发易服法令，在全国范围内得以基本实现。以后不久，清廷又根据汉族传统服饰的一些特色，对服饰制度进行了修订，于顺治九年（1652年）颁发了《服色肩舆永例》，对文武百官的服饰做了具体详细的规定。以后，在康、雍年间又对服饰制度进行过一些补充。

顶戴分品与花翎辨级

清代官服制度的繁杂程度，在很多方面都超过了以往的任何朝代。从纵向等差、品序的排列来看，上有皇帝，以下依次有皇太子、亲王、郡王、镇国公、辅国公、文武一至九品及未入流等尊卑区别；横向而言，则有镇国将军、郡主、驸马、一至三品侍卫、进士、举人及生员等。以服饰"分尊卑、别贵贱、严内外、辨亲疏"的作用更加突出。在清代各种官服当中，仅冠类就有朝冠、吉服冠、行冠、常服冠等多种，甚至连雨冠也都各有等差。

提到清代官服的冠，人们就马上会想到"顶戴花翎"。不错，顶戴花翎是清代官服的特色之一，也是区分人物等级地位的重要标志。清代官员的冠一般按照季节的不同，分为两类：一类是冬天戴的，叫暖帽；一类是夏天戴的，叫凉帽。暖帽为圆形，有一圈向上反折的冠檐；其质地多用各种毛皮，以貂皮为贵，次则海獭皮，再次为狐皮，其下就不分什么皮子都可以使用；暖帽的颜色大多为黑色，帽顶周围饰有红色的帽纬，顶端还有不同颜色和质地的顶饰。凉帽比暖帽大，无檐，形如圆锥；这类帽子是以玉草或藤丝、竹丝为骨，红纱绸为里，再以白色、湖蓝或黄色罗为表，另选石青片金织物裹边而成；凉帽顶的四周也用红色纬缨装饰，顶饰大致同于暖帽。对于官员来说，从暖帽和凉帽上来区分等级的共同标志是顶饰，也就是我们所说的"顶戴"。顶戴又叫"顶子"，在官场中，不同身份地位的人，要戴不同质地的顶子，即便是素不相识的人，也可以一眼从对方的顶戴质料上，分辨出其官位品级。所以，清代的官帽又有

"一顶官职"之说。所有各类顶子之中，皇帝的顶子级别最高，朝冠和吉服冠顶子通常是用最好的东珠（产于黑龙江、松花江等江水之中的蚌珠，因生于北国寒冷水域，生长缓慢，质地光润，是清代供皇家专用的贡品）为顶饰；冬用常服冠和行冠的冠顶装饰比较简单，都以红绒结顶；雨冠一般不装饰顶子。一般品官的顶子不能饰用东珠，而是用其他一些比较贵重的材料制作，具体质地视品级高下而定。清廷规定，凡品官朝冠顶子，文武一品用红宝石；文武二品用珊瑚；文三品也是珊瑚，武三品则用蓝宝石；文武四品俱用青金石；文武五品俱用水晶；文武六品俱用砗磲；文武七品俱用素金；文武八品俱用阴文镂花金顶；文武九品俱用阳文镂花金顶；未入流之官的顶饰与文武九品官顶饰相同；进士、状元冠帽用金三枝九叶顶；举人、贡生、监生冠帽用金雀顶；生员冠帽用银雀顶；从耕农官冠帽用顶与文武八品官员顶饰相同；一等侍卫冠帽用文三品官员顶饰；二等侍卫冠帽用文武四品官员顶饰；三等侍卫冠帽用文武五品官员顶饰；蓝翎侍卫冠帽用文武六品官员顶饰。吉服冠顶子，文官和武官正式品官在顶子上没有区别。其中，一至三品官员吉服冠顶子与朝冠顶子不同，如一品用珊瑚、二品用镂花珊瑚、三品用蓝宝石，余下四至九品官员的顶子，则与朝冠用顶完全一样；未入流官员的顶子同于九品官；状元、进士、举人俱用素金顶子；贡生顶子同于文八品官；监生、生员用素银顶子；一等至三等侍卫及蓝翎侍卫顶子与朝冠顶子一样。朝官的常服冠和行冠顶饰如同吉服冠饰，雨冠无顶饰。

花翎也是清代官服冠帽上用以区分等级的标识。所谓花翎，指的是冠帽后面拖着的一根孔雀羽毛。帽顶专设有与笔帽长短粗细相仿的玉质或珐琅质的翎管，供插缀翎羽之用。一定品级以上官员所用花翎上面有"眼"，眼即是孔雀羽毛尾端的花圆眼形图斑，翎眼有单眼、双眼及三眼之分，以眼多者为贵。清代官员使用花翎的制度也很有讲究：皇帝和亲王、郡王一般不戴翎饰冠；贝子戴三眼花翎冠；镇国公、辅国公和硕额驸等戴双眼花翎冠；五品以上官员及一至三等侍卫戴单眼花翎冠；六品以下官员戴无眼的蓝色翎冠。传说在康熙年间，还出现过四眼和五眼的翎冠。当时康熙皇帝的一个儿子，一时心血来潮，觉得花翎冠漂亮，也要戴这种花翎冠，可是按服礼规定，皇子是不能随意屈尊戴用贝子和大臣们所用的花翎冠的；于是，康熙帝便特别御批制五眼花翎冠赐予皇子，从而满足了儿子的要求。以后福建提督施琅率清军收复台湾，立下头功，皇帝欲封赏他以侯爵，但他不想接受，偏偏表示只想戴皇帝钦赐的花翎冠。于是康熙皇帝又令造四眼花翎冠赐予施琅。花翎作为权贵的标志，在清代中期以前，不论在品官冠饰上，还是用于赏赐上，都是比较严格的；至清中期以后，饰戴花翎冠制度日渐松弛。道光以后，世间富人甚至可以出钱买一副"顶戴"（官位），当然花翎也就跟着一同贬值了（见图66）。

图66　顶戴花翎冠

 马蹄箭衣与龙蟒官袍

袍服，清代官服中仍旧穿用，但是清代袍服与传统袍服在形制上有很大不同，具有十分浓郁的民族特色。便于骑射是满族袍服的突出特点。清代袍服上身和两袖部分都很合体，特别是袖子颇为窄瘦，其袖端更有特色：在袖尾手腕的位置接有一弧形袖头，形状非常像马蹄，后来汉人常说的"马蹄袖衣"就是指此式袍服。平时将马蹄式袖头折于手腕之上，行礼时则将其放下，表示谦恭顺服，礼毕复折。遇有比武、射猎等野外活动时，骑在马上，手持弓箭，马蹄袖既可保暖，又可护手，所以清代满族人又称他们这种传统礼袍为"箭衣"。箭衣下摆部位开有很高的衩，这原本是为骑马者上下马方便而设计的，满人入关后在官服

165

中加以保留，并且成了显示身份、地位的一种标识。开衩有左右开的，也有前后、左右开四衩的，一般以开衩多者为贵。

清代袍服在官服中依照穿服者的不同等级和用途，可分为龙袍、蟒袍、朝服袍、常服袍及行袍等不同类别。在所有的袍服当中，以皇帝穿的龙袍最为高贵。龙是中华民族的象征，几千年来，龙一直被人们视为神秘、伟大、雄劲、智慧、力量的象征，在历史上有着特殊的位置。中国古代传统的大礼服冕服中，龙纹便是仅次于日、月、星、山等天地自然之后的礼纹，自周代初期开始，沿用了两三千年之久。宋代除了冕服用龙之外，虽没有在服饰上再施其他龙纹，但在舆论与礼仪上却大树龙、皇之威，标榜皇帝是"真龙天子"。元明以后，帝王与龙的关系更加紧密，几乎达到了龙与帝王皆为一体的程度。在生活中，龙的应用更加专一。明代帝王袍服上的龙纹日盛。其常服已经开始绣盘龙纹图案，而且还特别限制不许臣下用类似龙形的蟒及飞鱼纹形。兴盛于"龙生之地"的满族贵族统治者，对龙更是情有独钟，不仅规定龙袍为皇帝和太子的专用服饰，而且在帝王的生活环境中，处处呈现龙纹龙饰：有自明代承袭下来的到处装饰龙形的宫殿，有饰有龙纹的龙舆、龙船，还有皇帝专用的龙椅、龙案、龙碗、龙杯，甚至连起居用的被衾也绣有金龙。服装更是如此，在皇帝所穿的几种礼服当中，都配饰有龙的图纹，如衮服。衮服是皇帝的专用服饰，其形制为袍式，圆领口，右衽，马蹄箭袖，色为石青。其

前后身绣有五爪正面金龙四团，两肩前后又各设一团
龙图案。另外，在衮衣上还绣有日、月、篆体的"万"
和"寿"字纹，其间加饰五色云纹。衮服仅供皇帝于
祭圜丘、祈谷、祈雨等大礼时穿用，其他礼仪场合和
闲居时则穿龙袍及别的服装。龙袍在清代的礼服中属
于吉服系列，皇帝的龙袍形制也是圆领口，右衽，马
蹄箭袖，衣色用明黄色，领和袖等处用石青、片金织
物缘边。在龙袍的不同部位共饰有九条龙和十二章纹，
间以五色云纹。龙纹在袍服上的具体位置为：领的前
后部位饰有正龙各一条，左右及交襟处饰行龙各一条，
两袖端饰正龙各一条。在龙袍的下幅上还绣有八宝立
水，衣襟的左右下端有开衩。龙袍所用衣料，随着季
节的变化有所不同，一般常用的材料有棉、绸、纱和
皮裘等。另外，皇帝的朝冠和朝服，以及个别场合穿
用的常服袍上，也都有一定的龙纹、龙形饰。以上这
一切表明，清代帝王的礼服，虽然在形制上部分承袭
了前代传统，如十二章纹，但是，它更加突出的还是
龙的形象和作用。较之明代帝王服饰中的龙纹图案而
言，清代的龙纹不仅数量多，而且形象也有所增大。
此一特点，是以往任何朝代的帝王服饰中所未有的
（见图 67）。

　　清代统治者对龙纹拥有独特的使用权，除皇帝外，
可以绣饰龙纹的还有皇子、亲王，郡王有时也可以使
用。统治者对形象与龙近似的蟒纹在服饰的使用范围
上，却不像明代控制得那样严格。清代的服饰制度规
定：皇子、亲王、郡王、贝勒、贝子及品官都可以穿

图67 皇帝箭衣式龙袍

服蟒袍。蟒袍是皇帝以下大臣的礼服，属吉服系列，又称"花衣"，也是官服中区分等级的服装之一。在具体区分上，它是以蟒袍上蟒的数量和蟒爪的多少，来划分官职尊卑贵贱的。其中以袍上绣有五爪九蟒的蟒袍最为尊贵，只有皇子和亲王、郡王才准许穿用，贝勒以下的官员除皇帝钦赐者外，一律不得穿用，否则将以违制问罪。一般贝勒、贝子、镇国公、辅国公等可穿用饰有四爪九蟒的蟒袍，但不许用金黄色，其他颜色可以任选施用；一至三品官员的蟒袍与贝勒等人蟒饰相同；四至六品的官员，许穿四爪八蟒图案的蟒袍；而七至九品等级低的官员，则只准许穿四爪五蟒的蟒袍。

品官的蟒袍虽然在服饰的外观风格上，显得很庄严、气派，但在清代的礼服当中，就官服序列而论，它却属于吉服，为次等礼服。朝官的首要礼服是朝服。朝服为袍式，上自皇帝，下至末等小吏，袍的形制大体相同，唯所用质料、颜色和图案有所差别，且借此作为划分等级高下的标志。如皇子、亲王及郡王所穿的朝袍可以在胸背、两肩及襞积等处饰以龙的图案；皇子还可以与皇帝同用明黄色；而亲王和郡王若非皇帝钦赐则不得用明黄，只能用蓝或石青等色。贝勒、贝子、镇国公、辅国公及一至七品官员朝袍上可饰以不同数量的蟒纹；八品以下职官朝服袍色也用石青，但袍上不许加饰蟒纹图案。

常服袍，是上自皇帝，下至百官在平时宴居时所穿的衣装。衣式为圆领右衽，大襟，马蹄箭袖。皇帝的常服袍一般用石青色，所施袍纹随机而定。皇族、宗室成员及品官所穿的常服袍与帝袍式样大致相同，且颜色、花纹俱不限，平时较为常用的是大小团花纹。宗室成员及高级品官又以穿四开衩式袍更为常见。

行袍，顾名思义，是一种专供出行骑马时所穿用的袍服，其式样与常服袍基本相似，只是比常服袍稍稍短些，为的是上下马时更为方便。

 补子服与黄马褂

褂，本是满族人的一种民族传统服装，类似于宋明时期的衫或袄，比袍短些。其具体形制为圆领，右衽，两袖宽窄适中，平袖口，衣襟有大襟、对襟两种，两襟一般以扣襻相连。在穿服方式上，褂与宋明的衫袄等恰好相反，它不是穿在袍服的里面，而多被当做礼服，直接穿在外面。清代的褂，根据不同的形式和使用对象可分为龙褂、补褂、常服褂、行褂和黄马褂等等。

龙褂是皇子的大礼衣。皇帝有衮服，皇子有龙褂。龙褂与衮服的区别只是龙褂没有日月纹，其余与衮服相同。

补褂，又称"补服"，是清代官员用以区分等级品位的官服之一，也是清代官服系列中直接承袭明代官服形式的服饰之一。清代的补褂规定穿在袍服之外，其式样为圆领，长袖，对襟，平袖口，两襟用帛扣相对纽襻，当胸和后背为补子图案。补褂的前后、左右开有四衩，补子图案内容亦与明代相差不多，即文官用飞禽，武官用猛兽。清代亲王、郡王、贝勒、贝子等皇族穿用的补子不用明代的方形补子，而改用圆形补子；补子上所施用的图案也不同于一般文武官员所用的飞禽猛兽，而是团蟒。镇国公、辅国公、驸马、公、侯、伯等贵族的补子图案虽也可以用团蟒，但补子的形状却只能与一般朝廷品官一样用方形补子。自亲王至文武九品官员的补服均有严格规定。补服颜色不分高低贵贱，均用石青色。补子图案自上而下依次为：亲王补服为绣五爪金龙四团，前后圆补为正龙图案，另外在补服的两肩处饰有龙纹；郡王补服为前后绣五爪行龙四团，两肩前后各一团；贝勒补子图案为前后四爪正蟒各一团；贝子补子为四爪行蟒各一团；自镇国公以下，至辅国公、驸马、公、侯、伯的补子

170

图案均相同，都用方形补子，图案则俱用五爪正蟒；镇国将军以下品官补子大体如同明代品官补子制度，如文官一品用鹤，二品、三品用孔雀，四品用雁，五品用白鹇，六品用鹭鸶，七品用㶉鶒，八品用鹌鹑，九品用练鹊；武官补子图案一品用麒麟，二品用狮，三品用豹，四品用虎，五品用熊，六品用彪，七品、八品用犀，九品用海马；都御史、监察御史、按察史等执法官员的补服补子图案仍然采用传统的獬豸图案为饰（见图68）。

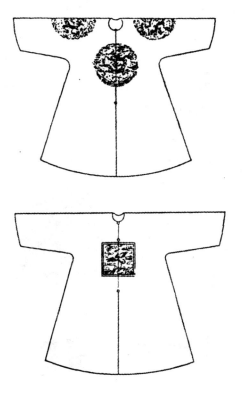

图68 圆补服和方补服

　　常服褂与常服袍的穿着场合基本相同，都属官员闲居的衣装，所不同的是，常服褂不设马蹄箭袖，袖口为普通平袖式，衣襟为对襟扣襻，色以石青为主，花纹形式不作具体规定，可以随意任选。

　　行褂是官员出行时所穿的衣装，也叫"马褂"。其身和袖都比较短，不做箭袖，具体形制为圆领对襟，平袖，袖长过肘，身长以到臀部为宜。清廷对行褂的色彩也有明确规定：皇帝与一般品官行褂用石青色；领班卫内大臣、御前大臣、侍卫班领等御前执事官和护军统领、健锐营翼长等人行褂用明黄色；八旗正旗副都统的行褂，可按所在旗的旗帜色彩穿着，如正黄旗副都统可穿金黄色行褂、正白旗副都统可穿白色行褂，各镶旗的行褂亦是如此，八旗军行褂各有所依，绝不混淆（见图69）。

图 69　马褂

黄马褂与清代的普通马褂不同，它既不是正式官服，也不是什么人都可以随意穿用的衣装，而是一种特殊的"贵"装。这是由于黄色自唐代被规定为"贵色"以来，一直为统治者所专用。及至清代，统治者仍视其为上等尊色，皇帝的许多服饰都用黄色衣料制成，如朝服、龙袍等；但皇帝出行时不穿黄马褂，而是穿石青色马褂。在清代黄马褂一是被当做皇帝对有功人员的一种赏赐；另一是皇帝出行时，御驾周围的护卫们穿起黄马褂，作为表示圣驾位置的一种标志。能被准许穿服黄马褂是为官者的一种荣耀。清代，通常只有三种人才可以穿黄马褂：一是随皇帝御驾出行的近身侍卫；二是随皇帝射猎围场时猎获甚丰者；三是在国事或战事之中，立下重大功勋的官员。他们往往由皇帝赐予黄马褂，以示皇恩浩荡。

清代的官服中，还有一种外形近似于褂的礼服，这就是端罩。端罩又称"褡襱"，是用各种毛皮制成的外穿皮褂，穿用时皮毛朝外，很像古代的裘衣。端罩是清代服饰中甚为珍贵的礼服，通常只有皇帝、皇族、帝王的高级护卫及达到一定品级的官员才有资格穿服。其形制为圆领，对襟，平袖，袖长及腕，衣长过膝，两襟以扣襻结合，全衣整体比较宽松。端罩在用料和里衬的颜色上均有严格的规定：皇帝一般穿紫色貂皮制成的端罩，但每年农历十一月初一日至次年正月十五日期间穿黑色狐皮端罩，这两种端罩的衬里都要用明黄色缎子制作；皇子穿紫貂皮金黄缎衬里制成的端罩；亲王若在得不到皇帝赏赐时，不许穿金黄色为衬里的端罩，一般只许穿用白缎子衬里的青狐端罩；郡王、贝勒、贝子则穿用月白色衬里制成的青狐端罩；镇国公、辅国公穿的端罩亦用月白衬里，但毛皮则改用紫貂；公、侯、伯、子、男爵及一至三品官员则穿蓝色缎衬里的貂皮端罩；一等侍卫穿用猞猁狲皮间以豹皮制成的端罩，二等侍卫穿用红豹皮制成的端罩，三等侍卫则穿用黄豹皮制成的端罩。

清代官服与以往各朝代一样，在冠服以外，还有一些衣饰的附件，如披肩、领衣、朝珠、朝带等。披肩是皇帝及以下王公大臣穿礼服时，另加的一件围颈而披于肩的披饰。其形状略似缺了尖角的菱角，上方正中部位裁有一个套脖颈的圆孔，圆孔和整个披领都有缘边，披肩上有的还施有一定的图纹。使用披肩时，要根据季节的不同有所变化，如冬天穿用貂鼠类皮毛制作的披肩，夏天穿用罗或纱制作的披肩。领衣又称"硬领"，如同现代流行过的假领。领衣是因清代礼服无领而特制的一种领子。清代的袍和褂都不设领子，使用时需要在袍褂内另外再加上这种领衣。领衣的具体形式为上阔下狭，很像牛的舌头，所以一些南方汉人称之为"牛舌头"。领衣在穿用上也有季节之分，一般冬天用皮毛或呢绒制作的领衣，夏季则选用纱丝质料制作的领衣（见图70）。朝珠本是佛教所用的数珠，清代将它用于朝服的装饰之中，寓有很深的政治与文化含义。朝珠一般用 108 颗珠串结，根据官员的品级尊卑，选用不同质料的珠子，其中有珊瑚、琥珀、蜜蜡、象牙、奇南香等。使用时，将串珠围颈悬于胸前，上朝或公出等礼仪场合必须佩挂，并且规定五品以下的中下级官吏不得悬佩朝珠。清代官服中的腰带与其各式服系相匹配，各有异同，尊卑品序之间亦有严格区分，不得随意僭越。如皇帝朝服带为明黄色，带用龙纹金圆板四块，饰红蓝宝石或松绿石，每具衔东珠五颗，另围以其他珍珠二十，左右各佩挂一条作用相当于现在手帕、汗巾一类的"帉"（音fēn），其颜色为一条浅蓝、一条白色，垂挂下来的帉要呈下广而锐状。品官的朝带装饰相对较为简朴，如一品文官用镂金衔玉方板四块，每具饰红宝石一；二品官用镂金圆板四块，每具饰红宝

图70　穿领衣的男子

石一；以下三品至九品官及未入流官员的朝带，均按此规格装饰依次递减。

 5　一般男子服饰

清代民间一般男子的服饰也是以满族的袍褂为主，

但在装饰和穿着上远没有官服那样复杂与讲究。民间常用的服饰除了袍褂之外，还有马甲、裤、帽以及靴、鞋等。

民间男子的袍服形式，与官服中的常服袍相类似，但很少开衩，袖口既有马蹄袖式，也有平袖式。这种袍实际上与明代的衫差不多。袍服的整体形式，在清代易服初期还合体，保持了北方少数民族的服饰传统；至同治年间，袍袖渐宽，以后又复窄。褂是穿在袍衫外面的罩衣，民间的褂比较短，与官服的行褂（或马褂）长短差不多，因此在民间也称之为马褂。民间穿用的马褂形制比较多样，有长袖，又有短袖；有宽袖式的，又有窄袖式的；衣襟有对襟、大襟、琵琶襟诸式。马褂一般设有圆形小立领，袖口不设马蹄袖，两襟用扣襻相扣合。马褂所用的颜色与花纹也很活泼，如有红、绿、紫、蓝、灰诸色；花纹则有团花、组花及方形或圆形的寿字图案。马褂的质料大多以各种彩缎为主，也有用纱或呢绒制作的。一些满族达官贵人和汉族富豪每到冬季还常穿各式皮褂，以显示其富有。

马甲，清代亦称"背心"或"坎肩"。坎肩的襟式有大襟、对襟、曲襟和"一字襟"等多种。根据季节变化，坎肩又有单、夹、棉之分。马甲（或称坎肩）起初只被当做一种保暖的内衣，穿在袍褂之内，清代中后期以后，开始被直接穿在袍褂的外面，这样久而久之，便成了外衣的一种。大襟、对襟马甲襟式与褂的襟式相同。曲襟马甲又叫"琵琶襟"马甲，这种马甲的衽襟下端缺角，形式较为特别，琵琶襟马褂亦为此式。"一字襟"马甲的襟式相比之下就更为特别，它的具体形式是在马甲前襟上部横作一排呈"一"字形的扣襻，故称"一字马甲"。这种被满族人称之为"巴图鲁坎肩"（"巴图鲁"为满语，意思是好汉或勇士）的马甲，开始多为一些高级官员穿用，所以又称之为"军机坎"，以后在民间逐渐传开，也就成了一种常见的服饰（见图71）。

图71 穿马甲的男子

裤子经过近两千余年的演变、发展，到清代时，从外形到方便程度都较从前更加成熟。清代的裤子大致有两种式样，一种是有裆和腰的裤子，其腰部较长，大腿处及裆处都比较宽松，裤腿长及足面，也有裁制到膝盖上下的。裤子有单、夹及棉之分，冬天或秋天穿棉和夹裤时，有人还常常用裹腿带将裤脚缠住，既利索又保暖。另一种是无裆的套裤，清代的套裤样式仍是两裤筒，无裆、无腰或只有腰的前部很少一段。在穿着上，这种裤子有穿在长袍或长褂里面的，也有穿短袄、短褂或坎肩等短式上衣时，将套裤直接穿在外面的。套裤一般是冬季穿用，所以基本上以棉质为主，用以抵御风寒。

在清代平民的首服中，各种巾饰比较少见，最为流行的是各式小帽，另外还有毡帽和小儿使用的狗头帽。

小帽是清代民间十分流行的一种便帽，俗称"瓜皮帽"，这种小帽实际上就是明代曾盛行的"六合一统"帽，其形制从明至清基本没有变化，只是做工和用料更为讲究。清代的小帽有软胎和硬胎两种：硬胎的小帽，在制作上多以马尾、丝竹编制成小框以后，然后再用皂纱或黑缎裹饰帽表，帽里则用红色丝绸为衬；软胎小帽在制作时，不设内框，而是直接用丝缎制作而成。在帽形上，小帽有尖顶和平顶之分，所有帽顶上都设有一结子为饰，但顶饰的质地却有所不同，有的是用丝绸结成的，也有的是用珊瑚、水晶或玻璃制作而成的，结的大小随人所愿。小帽在使用上，清初时满汉人等均喜欢戴用，并无什么讲究，但至清中期以后，小帽却多为一些满族贵族和汉族地主及乡绅在宴居、会友、出行等时戴用，一般平民百姓，则主要在婚丧嫁娶等红白喜事的仪式之中戴用。毡帽也始于明代，它原为北方寒冷地区一些劳动者和常年在外奔波的商贩戴用，后渐渐在民间传开，成了中下层劳动者的常帽。毡帽的形式为圆形，自两鬓处向后加长，冷时可用作护耳，暖时则将它折起；在帽的前面当中位置，还设有一能卷起的舌状毡头，起遮阳或护鼻之用。毡帽多为深色，一般以赭色和黑色为常见。狗头帽是一种用丝绵和皮毛搭配制成的儿童帽，因其造型模仿小狗的头，故名。总之，清代的首服比起明代的首服来，在种类上要少得多，这可能与易服之举和特殊的历史时代有关。

清代的足衣一般以靴、鞋为主，传统的履已难以见到。靴子是清代常见的足衣，但不是任何人都可以穿的，清政府规定，靴子只有皇帝和朝中百官及吏士、差人才能穿，一般平民百姓是不准许穿靴的。清初，靴子流行方头式，不久又有尖头靴流行，但朝靴则始终用方头式。帝王的靴子十分讲究，且四季各有不同：元旦前后穿石青缎羊皮里皂靴；三月初二起穿青缎凉里绿牙缝尖靴；十月十四日起穿青缎毡里绿色牙缝靴。朝官一般穿方头靴或尖头黑色皮靴，有时皇帝为奖励一些有功朝臣，还特赐一种绿牙缝靴。此外，一些差官、役卒为出行方便，还经常穿用一种叫"爬山虎"的薄底靴。这种薄底靴虽然底薄，但整个靴子制作得十分坚实，穿用起来不仅轻便，而且经久耐用。基于传统习俗的缘故，清代初期的满族男子一般很少穿鞋，特别是在公众场合上更是如此。即使在家中，为了轻便舒适而换上鞋子，但若有宾客来访，就要马上换靴相迎，否则将被视为是失礼之举。鞋子在社会上多作为市民的足衣，但这种习俗在清代末期被打破，不少为官者也时常穿鞋出行。清代的鞋子样式比较简单，一般为窄帮圆口式，也有少数做成方口的。鞋底有厚、薄两种，但以薄底更为常见。鞋的质地大多以丝缎、呢绒、棉布料为主，颜色以深色居多。有的人还在鞋的不同位置绣上一些图案，以增加美感。

旗袍与妇女服饰

由于清政府在清初推行"易服"之令时，有"男从女不从"的规定，从而使得明代的妇女服饰风格，得以较为完整地保留下来。也正因此，使得清代妇女的服饰形成满汉两种体系。

清代满族妇女的服装与男子服装大致相似，也是以袍褂为主。但妇女所穿的袍装大多不设马蹄袖，为平袖式，袖口也不像男子袍服那样紧，袍长一般能盖住双足。贵族妇女的袍上大多绣有标志身份地位的团龙或团蟒图案。袍袖和袍襟等处施宽缘饰是清代早期妇女袍服的特色之一。边缘饰多选用精美耐磨的材料，如锦、罗等，锦罗缘上还常饰有花草一类的漂亮图案。妇女袍服多数有领，在清初时流行低领，后慢慢增高，至清末时已高达二寸。袍服的颜色一般以大红、藕荷、浅蓝、淡绿等色为主，皇后及皇妃的袍服多用黄色。满族妇女在穿袍时，都喜欢在脖领处围上一条浅色长条围巾，围巾多为月白、浅粉、淡绿等颜色。这种旗袍加围巾的装束，对于民国乃至现代妇女的服饰有很大影响，特别是民国时期的知识女子，更喜着此种"套装"。不过这种套装已经不是清代初期的那种较为宽肥的袍装了，它经过清代各时期的不断发展与完善，至清代末期，袍袖和袍身已经变得比较窄瘦，袖长也缩短了一些，同时下摆亦大大地收敛了。这时的袍装已经初步形成了在民国时期广为流行的"旗袍"模式（见图72）。

清代满族妇女官服亦分朝服、吉服、常服等系列，也同样依照穿服者的不同身份等级，分别设有龙蟒图案和各种饰物。皇太后、皇后

图72　旗袍

及皇子福晋、亲王福晋、郡王福晋、公主等高层贵妇的朝服上可以用龙纹图案为饰，贝勒以下品官福晋朝服所饰图案则只能用蟒纹。朝珠、腰带、帽顶等饰物所用的材料质地，也明显低于前者。清代妇女官服的总体形式，与男子官服的衣饰基本相同，所不同的是妇女官服又根据妇女的特点，增加了一些饰物和附件，如领约、彩帨及霞帔等。其中，领约是清代妇女穿朝服时饰于项间的装饰，它如同一个软宽项圈，通常戴

在披领之上。领约的制式也有尊卑等序区别，皇后、太后的领约用镂金，并在约带上装饰东珠十一颗；贵妃、嫔的领约则装饰东珠七颗；公（异姓封爵者）及品官夫人的领约，不能使用东珠为装饰，只能用红蓝宝石饰于领约之上。彩帨也是清代妇女朝服中的一种附饰，它是一件上窄下宽、长约一米左右的细条饰，使用时缀于朝褂前方开衩之上。皇太后、皇后及贵妃俱用绿色彩帨，上绣"五谷丰登"（即稻禾、蜜蜂、灯笼的图案）；嫔的彩帨为绿色，不绣纹饰；皇子福晋和亲王福晋用白色无绣纹的彩帨；公夫人等则用无绣纹的纯白彩帨。霞帔是沿用明代贵族妇女的传统服饰习俗，所不同的是明代的霞帔较窄，而清代的霞帔却很宽，几乎成了"背心"。清代的霞帔上缀有补子，补案下还装饰有彩色流苏图案。清制，只有受封的诰命夫人才可以穿用霞帔，帔补的图案大都依照其丈夫或儿子的品级而定，但武官之妻不用猛兽图案，而用美禽，以寓其温柔娴淑之意。

坎肩（背心）也是妇女常穿的服装，其形制与清代男子坎肩差不多，领口大多做圆领，衣襟有对襟、大襟和琵琶襟等式样，领和衣裾有很宽的缘边。此外，有缘边的短身小花袄和各色花形的花裤，也是满族妇女常穿的衣饰。

满族妇女所穿的鞋很别致，是一种特殊的"高跟鞋"。它的特殊之处在于它的"高跟"不设在鞋的后跟处，而是在鞋底的正中央。高跟一般为木质，用细布包饰，高度在一至二寸，也有四五寸高的，但极个别。

鞋跟的整体较为墩实，呈上宽下圆之状，形似花盆，跟底的木心还都做成马蹄形，踏地时印有马蹄痕。根据上述特点，人们又称这种满族妇女的鞋为"花盆底"或"马蹄底"鞋。这种鞋的鞋帮，在制作上也很讲究，一般用各种彩线在鞋帮上绣出不同类型的花草和小动物图案（见图73）。

图 73　穿马蹄底鞋女子

清代满族妇女的发饰种类不是很多，但其造型颇为独特，最负盛名的是一种曰"两把头"的发髻。两

把头发饰又称为"一字头"，其髻型是在头的顶部，将
头发梳成左右两个髻组，其间再用一种特殊的架子担
起，呈"一"字形，所以又有人称这种发髻叫"架子

**图74 饰"两把头"
装的皇妃**

头"。所用架子左右长约一
尺，在两个平行的髻组上还
分别装饰有各种金珠玉翠镶
饰而成的凤钗、银簪一类的
饰品，看上去华丽庄重。清
初，两把头的架式还比较
小，后来逐渐加大，至光绪
年间，架式的高度已到极
限，犹如牌楼。两把头由原
来的尚称简朴的头髻形式，
发展到这种程度，已失去原
来的意义，而成为一种显示
身份、地位的纯装饰的假髻
了（见图74）。

清代汉族妇女的衣装，
仍沿袭明代的传统，上身多
穿各式长衫或花袄，有的则
在衫袄的外面另加穿一件类似背子式的长背心；下身
仍以穿各种式样的裙子为主，但到清代末期时，开始
流行穿裤子。另外，由于满汉妇女长时间的生活共处，
久而久之，服饰习俗也在相互影响和融合。汉族妇女
也有不少以穿旗袍为美者，但是她们穿的旗袍袖子明
显比满族妇女的旗袍宽大，显露出受明代服饰影响的

痕迹。

清代初期，特别是顺治以后，汉族妇女的衫袄，袖筒较明代妇女的衣袖窄一些，一般在一尺左右。到乾隆后期，由于受江南服饰习俗的影响，妇女衫袄又开始流行宽袖式，其宽度几乎增加了一倍。嘉庆以后，妇女衣装又时兴镶滚边，至咸丰、同治及光绪年间，北方京师（今北京）一带，不论满族，还是汉族，妇女衣装加滚之风极盛。这时所加的滚饰已不是一两道、两三道，而是更多，有的甚至加到十余道，所以对这种衣饰，在当时有"十八镶"之说。

裙装是汉族妇女的传统服饰之一，清初在江南一带，妇女们习惯穿各式带"褶"的裙，主要有"马面裙"、"月华裙"、"弹墨裙"等式样。到康熙、乾隆时期，又有"凤尾裙"出现和流行。而咸丰、同治时，妇女中又重新兴起穿百褶式的裙装，且以穿经过改进的鱼鳞式百褶裙最为时髦。清代后期，随着西方殖民主义势力的侵入，西方商品"洋货"也随之涌进中国市场，于是，在民间，妇女穿着各种洋布制成的"洋印裙"，也时时可见。裤子在清代中后期的妇女衣装中，逐渐时兴起来。妇女的裤子在清代中期也与衫袄一样，盛行加滚边，裤形和穿着上与男裤没有多大区别。另外，由于缠足的陋习在汉族妇女中间依旧盛行，所以这时汉族妇女穿用的各式绣鞋，也仍旧以弓鞋为主，不过这时的弓鞋，在外形上比明代更为精巧与实用。

清代汉族妇女的发髻以明代传统为主，尤其是江南一带的广大汉族妇女，将明代发型髻式保持得相当完美。如苏州地区妇女发式多以明末流传下来的各式高髻为时尚，主要有牡丹髻、荷花髻、钵盂头髻等。假髻在这时也很盛行，如扬州地区的妇女所戴假髻，其种类就很多，其中最为有名的有望月髻、蝴蝶髻、花篮髻、折项髻等等。此外，在额前留有一排齐眉短发的"刘海"式头型，由于梳妆简单，且不失美观，在清代末期也很流行，直至近现代依旧能见到这种发型。

结束语

　　原始社会是人类文明的启蒙和初始阶段，人类在果腹之余，明白了保护肌体的重要性，于是便产生了最原始的"服装"——树叶、兽皮。骨针的出现为服饰发展创造了起码的条件，人类终于可以按照自己的意愿制作衣装了。同时，美的意识也悄悄地走进了人类生活中。以后，随着纺织、蚕桑织造技术的不断进步，又为服饰的发展打下了一个又一个坚实的基础，各式服装相继出现，对美化人类生活起到了积极作用。

　　进入阶级社会以后，衣冠服饰的作用逐渐发生了偏移，由原来的护体、审美朝着"严内外、辨亲疏"的等级制方向迅速发展；特别是周代以后，统治者将服装的穿戴与礼序、人伦挂起钩来。从此，服装便正式被纳入了政治轨道，成了"分尊卑、别贵贱"的工具。

　　纵观中国古代服饰发展的历史，几乎每个历史时期、每个朝代在服饰制度上都有着其独到之处，如殷商的上衣下裳、周代的冕服与深衣、秦汉的袍装与襦裙、魏晋南北朝的大袖与袴褶、唐宋的幞头、明代的补服、清代的旗袍等等，无不显示着鲜明的时代特色。

参考书目

沈从文　《中国古代服饰研究》

周锡保　《中国古代服饰史》

周　汛、高春明　《中国历代服饰》

李仁溥　《中国古代纺织史稿》

林剑鸣　《秦汉社会文明》

周　峰　《中国古代服饰参考资料》

孙　机　《唐代妇女的服装与化妆》

杜建民　《我国古代颜色迷信的形成及其文化内涵》

杨学军　《与先秦两汉冠服文化相关的词语考释》

《中国史话》总目录

系列名	序号	书　名	作　者
物化历史系列（28种）	30	石器史话	李宗山
	31	石刻史话	赵　超
	32	古玉史话	卢兆荫
	33	青铜器史话	曹淑芹　殷玮璋
	34	简牍史话	王子今　赵宠亮
	35	陶瓷史话	谢端琚　马文宽
	36	玻璃器史话	安家瑶
	37	家具史话	李宗山
	38	文房四宝史话	李雪梅　安久亮
制度、名物与史事沿革系列（20种）	39	中国早期国家史话	王　和
	40	中华民族史话	陈琳国　陈　群
	41	官制史话	谢保成
	42	宰相史话	刘晖春
	43	监察史话	王　正
	44	科举史话	李尚英
	45	状元史话	宋元强
	46	学校史话	樊克政
	47	书院史话	樊克政
	48	赋役制度史话	徐东升
	49	军制史话	刘昭祥　王晓卫
	50	兵器史话	杨　毅　杨　泓
	51	名战史话	黄朴民
	52	屯田史话	张印栋
	53	商业史话	吴　慧
	54	货币史话	刘精诚　李祖德
	55	宫廷政治史话	任士英
	56	变法史话	王子今
	57	和亲史话	宋　超
	58	海疆开发史话	安　京

系列名	序号	书名	作者
交通与交流系列（13种）	59	丝绸之路史话	孟凡人
	60	海上丝路史话	杜 瑜
	61	漕运史话	江太新 苏金玉
	62	驿道史话	王子今
	63	旅行史话	黄石林
	64	航海史话	王 杰 李宝民 王 莉
	65	交通工具史话	郑若葵
	66	中西交流史话	张国刚
	67	满汉文化交流史话	定宜庄
	68	汉藏文化交流史话	刘 忠
	69	蒙藏文化交流史话	丁守璞 杨恩洪
	70	中日文化交流史话	冯佐哲
	71	中国阿拉伯文化交流史话	宋 岘
思想学术系列（21种）	72	文明起源史话	杜金鹏 焦天龙
	73	汉字史话	郭小武
	74	天文学史话	冯 时
	75	地理学史话	杜 瑜
	76	儒家史话	孙开泰
	77	法家史话	孙开泰
	78	兵家史话	王晓卫
	79	玄学史话	张齐明
	80	道教史话	王 卡
	81	佛教史话	魏道儒
	82	中国基督教史话	王美秀
	83	民间信仰史话	侯 杰
	84	训诂学史话	周信炎
	85	帛书史话	陈松长
	86	四书五经史话	黄鸿春

系列名	序号	书名	作者
思想学术系列（21种）	87	史学史话	谢保成
	88	哲学史话	谷 方
	89	方志史话	卫家雄
	90	考古学史话	朱乃诚
	91	物理学史话	王 冰
	92	地图史话	朱玲玲
文学艺术系列（8种）	93	书法史话	朱守道
	94	绘画史话	李福顺
	95	诗歌史话	陶文鹏
	96	散文史话	郑永晓
	97	音韵史话	张惠英
	98	戏曲史话	王卫民
	99	小说史话	周中明　吴家荣
	100	杂技史话	崔乐泉
社会风俗系列（13种）	101	宗族史话	冯尔康　阎爱民
	102	家庭史话	张国刚
	103	婚姻史话	张 涛　项永琴
	104	礼俗史话	王贵民
	105	节俗史话	韩养民　郭兴文
	106	饮食史话	王仁湘
	107	饮茶史话	王仁湘　杨焕新
	108	饮酒史话	袁立泽
	109	服饰史话	赵连赏
	110	体育史话	崔乐泉
	111	养生史话	罗时铭
	112	收藏史话	李雪梅
	113	丧葬史话	张捷夫

系列名	序 号	书 名	作 者	
近代政治史系列（28种）	114	鸦片战争史话	朱谐汉	
	115	太平天国史话	张远鹏	
	116	洋务运动史话	丁贤俊	
	117	甲午战争史话	寇 伟	
	118	戊戌维新运动史话	刘悦斌	
	119	义和团史话	卞修跃	
	120	辛亥革命史话	张海鹏	邓红洲
	121	五四运动史话	常丕军	
	122	北洋政府史话	潘 荣	魏又行
	123	国民政府史话	郑则民	
	124	十年内战史话	贾 维	
	125	中华苏维埃史话	温 锐	刘 强
	126	西安事变史话	李义彬	
	127	抗日战争史话	荣维木	
	128	陕甘宁边区政府史话	刘东社	刘全娥
	129	解放战争史话	朱宗震	汪朝光
	130	革命根据地史话	马洪武	王明生
	131	中国人民解放军史话	荣维木	
	132	宪政史话	徐辉琪	付建成
	133	工人运动史话	唐玉良	高爱娣
	134	农民运动史话	方之光	龚 云
	135	青年运动史话	郭贵儒	
	136	妇女运动史话	刘 红	刘光永
	137	土地改革史话	董志凯	陈廷煊
	138	买办史话	潘君祥	顾柏荣
	139	四大家族史话	江绍贞	
	140	汪伪政权史话	闻少华	
	141	伪满洲国史话	齐福霖	

系列名	序号	书名	作者
近代经济生活系列（17种）	142	人口史话	姜涛
	143	禁烟史话	王宏斌
	144	海关史话	陈霞飞　蔡渭洲
	145	铁路史话	龚云
	146	矿业史话	纪辛
	147	航运史话	张后铨
	148	邮政史话	修晓波
	149	金融史话	陈争平
	150	通货膨胀史话	郑起东
	151	外债史话	陈争平
	152	商会史话	虞和平
	153	农业改进史话	章楷
	154	民族工业发展史话	徐建生
	155	灾荒史话	刘仰东　夏明方
	156	流民史话	池子华
	157	秘密社会史话	刘才赋
	158	旗人史话	刘小萌
近代中外关系系列（13种）	159	西洋器物传入中国史话	隋元芬
	160	中外不平等条约史话	李育民
	161	开埠史话	杜语
	162	教案史话	夏春涛
	163	中英关系史话	孙庆
	164	中法关系史话	葛夫平
	165	中德关系史话	杜继东
	166	中日关系史话	王建朗
	167	中美关系史话	陶文钊
	168	中俄关系史话	薛衔天
	169	中苏关系史话	黄纪莲
	170	华侨史话	陈民　任贵祥
	171	华工史话	董丛林

系列名	序号	书 名	作 者
近代精神文化系列（18种）	172	政治思想史话	朱志敏
	173	伦理道德史话	马 勇
	174	启蒙思潮史话	彭平一
	175	三民主义史话	贺 渊
	176	社会主义思潮史话	张 武　张艳国　喻承久
	177	无政府主义思潮史话	汤庭芬
	178	教育史话	朱从兵
	179	大学史话	金以林
	180	留学史话	刘志强　张学继
	181	法制史话	李 力
	182	报刊史话	李仲明
	183	出版史话	刘俐娜
	184	科学技术史话	姜 超
	185	翻译史话	王晓丹
	186	美术史话	龚产兴
	187	音乐史话	梁茂春
	188	电影史话	孙立峰
	189	话剧史话	梁淑安
近代区域文化系列（11种）	190	北京史话	果鸿孝
	191	上海史话	马学强　宋钻友
	192	天津史话	罗澍伟
	193	广州史话	张 磊　张 苹
	194	武汉史话	皮明庥　郑自来
	195	重庆史话	隗瀛涛　沈松平
	196	新疆史话	王建民
	197	西藏史话	徐志民
	198	香港史话	刘蜀永
	199	澳门史话	邓开颂　陆晓敏　杨仁飞
	200	台湾史话	程朝云

《中国史话》主要编辑
出版发行人

总　策　划	谢寿光	王　正	
执行策划	杨　群	徐思彦	宋月华
	梁艳玲	刘晖春	张国春
统　　筹	黄　丹	宋淑洁	
设计总监	孙元明		
市场推广	蔡继辉	刘德顺	李丽丽
责任印制	岳　阳		